BIM 应用优秀案例

BIM YINGYONG
YOUXIU ANLI

主　编　董　娜　熊　峰
副主编　罗苓隆　唐世荣　方长建
　　　　林　升　罗劲松　李迅涛

四川大学出版社

项目策划：王　锋
责任编辑：蒋姗姗
责任校对：周维彬
封面设计：墨创文化
责任印制：王　炜

图书在版编目（CIP）数据

BIM 应用优秀案例 / 董娜，熊峰主编．— 成都 ：四川大学出版社，2019.11
ISBN 978-7-5690-3242-0

Ⅰ．①B… Ⅱ．①董…②熊… Ⅲ．①建筑设计－计算机辅助设计－应用软件－案例 Ⅳ．①TU201.4

中国版本图书馆 CIP 数据核字（2019）第 280972 号

书名　BIM 应用优秀案例
BIM YINGYONG YOUXIU ANLI

主　　编	董　娜　熊　峰
出　　版	四川大学出版社
地　　址	成都市一环路南一段 24 号（610065）
发　　行	四川大学出版社
书　　号	ISBN 978-7-5690-3242-0
印前制作	墨创文化
印　　刷	成都市金雅迪彩色印刷有限公司
成品尺寸	185mm×260mm
印　　张	7
字　　数	255 千字
版　　次	2020 年 1 月第 1 版
印　　次	2020 年 1 月第 1 次印刷
定　　价	68.00 元

◆ 读者邮购本书，请与本社发行科联系。
电话：(028)85408408/(028)85401670/
(028)86408023　邮政编码：610065
◆ 本社图书如有印装质量问题，请寄回出版社调换。
◆ 网址：http://press.scu.edu.cn

四川大学出版社
微信公众号

前言

BIM 技术应用是建筑业信息化水平提升的关键。近年来，在国家政策的大力推动下，BIM 应用从设计到施工以及项目管理不断拓展，BIM 在项目全寿命周期的集成应用成为必然。与此同时，BIM 应用对象也涵盖了建筑工程、公路工程、桥梁工程、水利枢纽工程、地铁工程、商业综合体、机场建设等典型工程和大规模项目群建设。本书整理的典型 BIM 应用案例，有针对机场、地铁、公路、航电枢纽、TOD 等单项工程的 BIM 应用，也有针对四川天府新区项目群建设的BIM应用；有基于设计方视角的BIM应用，也有基于施工方和管理方视角的 BIM 应用；有成熟的 BIM 应用经验总结，也有创新性 BIM 应用尝试。本书旨在通过代表性工程的 BIM 应用经验总结，为 BIM 应用推广提供参考和借鉴。

本书案例是从四川省土木建筑学会建筑信息化专委会主办的第三届“李冰奖 · 开明杯”的 100 多个参赛作品中遴选出来，感谢一直以来各单位为 BIM 普及推广做出的努力和贡献！

本书由四川大学董娜副教授和熊峰教授主持编写，黄秋源、付艳婷、弓成负责书稿校对等相关工作，各案例的参编单位、参编人员和具体分工如下：

岷江犍为航电枢纽 BIM 设计及项管应用——山鼎设计股份

岷江犍为航电枢纽 BIM 设计及项管应用——山鼎设计股份有限公司、成都友界科技有限公司：

林升、代礼红、罗泽坤、罗超、敬杰

天府新区工程建设项目群基于 BIM 技术的总控实践——中国建筑西南设计研究院有限公司：

方长建、李锦磊、季如艳、温忠军、黄银强

成都天府国际机场航站区土建二标段 BIM 应用总结——中国华西企业股份有限公司第十二建筑工程公司：

罗苓隆、段俊、卢智宇、佘江川、陈祥云、李长江、吴宏

基于 BIM 技术的民航机场项目高速建设管理——中建一局集团第二建筑有限公司：

李林峰、李志成、王滔、黄磊

BIM 技术在商业综合体设计与分析中的应用研究——成都基准方中建筑设计有限公司：

罗毅、吴琴锋、范超、朱安磊、张勤、杨雪蕾、文志彬

仙桃数据谷 BIM 综合管理应用——中国五冶集团有限公司：

唐世荣、廖兴国、朱发东、叶盛智

招商大魔方项目 BIM 数据集成与应用——上海因恒工程技术有限公司：

罗劲松、杨淋、李思言、杨磊

重庆约克北郡三期项目 BIM 综合应用——中建三局集团有限公司：

杜福祥、戴超、王涛、袁渊、李晓莉

云南省墨临高速公路施工 BIM 技术综合应用——中铁二十三局集团第三工程有限公司：

熊志刚、周琪、马敏、宋爱强、雷超越

成都轨道交通 6 号线三期工程 BIM 技术应用——中建三局集团有限公司

BIM 技术在全国首个商圈高铁 TOD 综合体中的应用——中国建筑第八工程局有限公司

感谢本书编写过程中四川大学建筑与环境学院、四川省土木建筑学会建筑信息化专委会的大力支持！感谢“李冰奖 · 开明杯”BIM 大赛的所有参与者和支持者。因水平有限、时间仓促，本书难免存在不足之处，敬请批评指正。谨以此书献给致力于建筑业信息化水平提升的从业人员和莘莘学子！

董　娜

2019 年 11 月

CONTENTS

目录

1. 岷江犍为航电枢纽 BIM 设计及项管应用

1.1 工程概况

1.1.1 工程定位

“百年航电地标，现代工业名胜。”岷江犍为航电枢纽计划建成从内而外、从功能到形式皆超越传统水电站的新时代航电枢纽。

1.1.2 BIM 实施目标

标准化实施，全流程应用，在线化执行，多维化交付 。

工程名称：岷江犍为航电枢纽工程
工程业主：四川交投港航集团
工程等级：二等
工程规模：大（2）型
装机容量：500MW

作为长江经济带综合立体交通走廊规划的四川省重点项目，岷江犍为航电枢纽工程是岷江流域 4 级航电枢纽的首要项目。总投资估算近 500 亿元，预计 2025 年全部建成。项目建成后，长江黄金水道将向成都平原经济区腹地延伸 162 千米，岷江乐山至宜宾段航道等级提升至 3 级，可常年通行 1000 吨级船舶，丰水期通行 3000 吨级船舶。

岷江犍为航电枢纽工程 BIM 技术应用包括项目实施准备阶段、设计勘察阶段、施工建设阶段、交付运维阶段，BIM 应用专业涵盖水工、金结、机电、通信、消防、监测、施工等该工程所涉及的全部主体专业，BIM 应用实施周期项目勘察设计与建设周期同步。

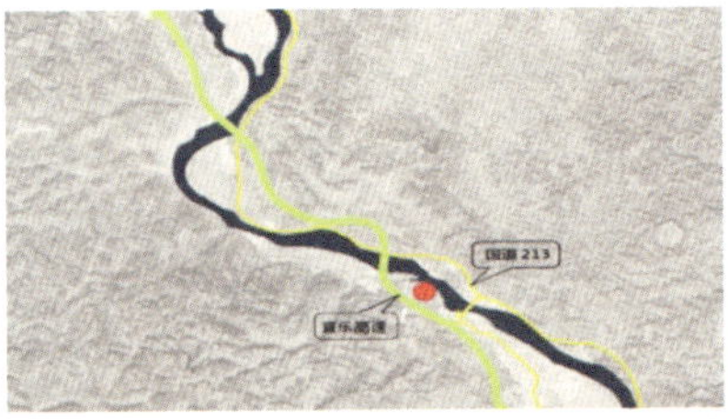
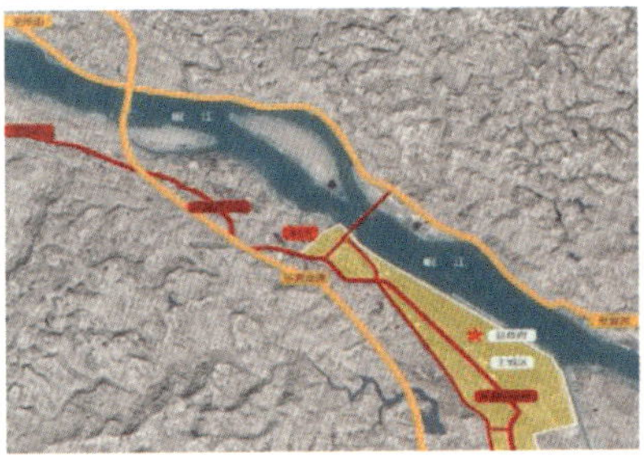

1.1.3 执行团队

（1）设计及 BIM 咨询总顾问单位：山鼎设计（CENDES）为建筑工程甲级资质专业设计咨询服务企业，同时为国内首家主板上市设计公司。公司以国际标准的项目管理运营体系配合高素质专业技术服务团队为项目提供整体及专项解决方案。同时，山鼎设计融合国际智慧和当地经验，秉承“整合创意、设计未来”的理念，由近 700 名国内外专业人士，在规划、建筑、室内、景观等领域为政府及私人机构提供专业咨询和综合工程设计服务。

（2）BIM 专项咨询单位：友界科技（YJTECH）为本地专业 BIM 咨询与项目管理团队，拥有来自设计、施工及开发等各领域的专业化人才，组建有协同发展三大事业部（商住、基建、平台），专注于 BIM 技术咨询、项目管理及延伸科技业务。友界科技坚持信息化支撑工程建设管理革新的理念，充分发挥专业化 BIM 技术服务团队的专精尖优势，服务于众多具有挑战性的非标准化商住项目、大型复杂基建工程。

1.2 标准化成效导向项目 BIM 架构搭建

1.2.1 标准化成效导向项目 BIM 架构搭建要点

（1）企业航电工程信息模型 BIM 实施标准；
（2）标准化 BIM 服务合约；
（3）BIM 水工标准族库制定及项目样板；
（4）落地实操型 BIM 综合进阶培训材料；
（5）多维项目管理执行软硬件配置。

1.2.2 BIM 专项应用目标

（1）多维项目管理：依据BIM模型全息化管理，多专业全息协同审阅；
（2）精细品质管控：可视化设计品质预控，模拟建造协同核查交底；
（3）助力工期效率：互动载入式工期模拟跟踪，重难点施工方案优化；
（4）风险成本预控：错漏碰缺检查优化统计，实时动态工程量统计；
（5）在线实时审核：云中心在线管理模式，平台图模量同步核查统计；
（6）标准执行交付：全流程标准化操作，具备约束力的有效BIM实施。

1.2.3 标准化主要应用点

标准化资源库

企业级实施标准	多项
软件及云平台支持	200 万元
定制族库建设	> 800 项
项目模板	多项
通用培训	全程

建模核查优化

场平及项目建模维护更新	多版次
重要节点跟踪	可选多处
三维可视化	可选多处
错漏碰缺检查	多版次
优化建议	多版次
图模联动	全程
隐蔽工程信息数据化	全专业
现场服务	3~5 年
航测竣工模型	3 平方千米
运维模型对接	多参数

模拟与项目管理

进度模拟及跟踪	3 版次
复杂施工方案模拟	可选 5 项
施工场平模型（PBIM）	
协同平台审核管理	软件应用
工程对量校核	多版次
阶段激光工程校核	5 人次
竣工验收激光校核	3 平方千米
二维码构件管理系统	20 账户
航拍 VR 宣传展示	3 平方千米

1.3 多维化模拟预判 设计勘察 BIM 应用

1.3.1 全项目区间无人机激光航测及点云数据处理

采用优于可见光航测的机载激光雷达方式对工程基地进行三维地形勘测，总体勘测面积约 3 平方千米。通过点云数据处理得到 1 ： 500 比例尺的激光点云数据、分类激光点云数据（地面点、建筑物、电力线）、DOM、DEM、等高线等三维化适量模型。

双轨方式：通过点云数据获得的地形数据成果与外业人工勘测成果进行对比，并筛选出入点进行现场复核，验证激光航测地形数据的精度及粒度优势。

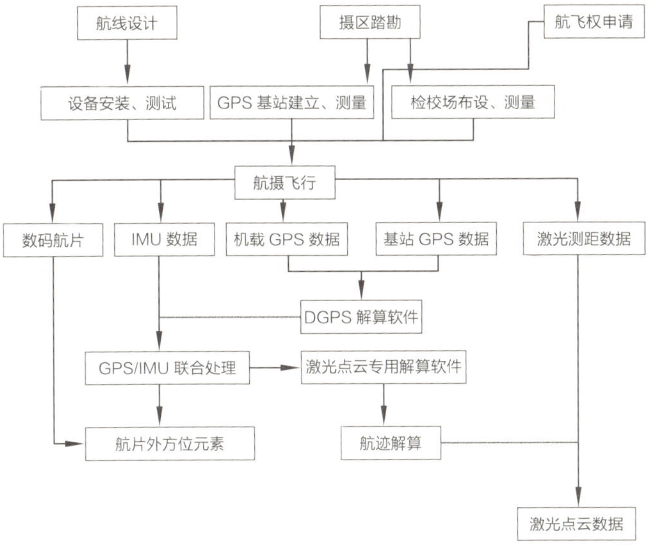

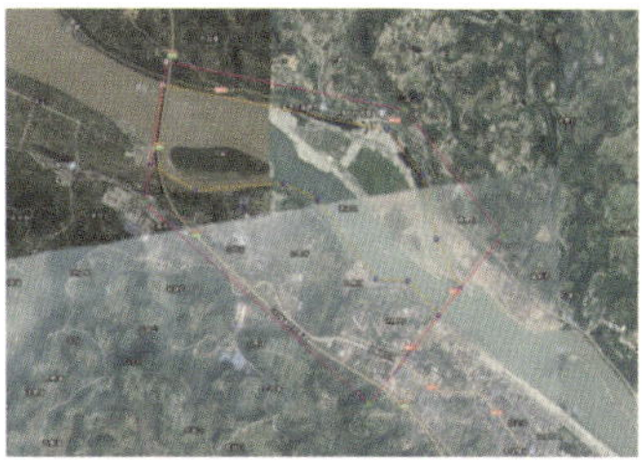

1.3.1.1 工作内容及技术目标

（1）激光点云数据（las 格式），分类激光点云数据（分出建筑物、电力线，las 格式）；

（2）正射影像 DOM 及免费查阅软件，5cm 分辨率，平面中误差不大于 40cm;

（3）高程模型 DEM 及免费查阅软件，格网间距 0.5m，高程中误差不大于 0.2m；

（4）数字表面模型 DSM，1 ∶ 500 贴合彩色影像等高线数据文件;

（5）精度对比报告（与航测外业和完整传统勘测地形数据的对比）， 与完整传统勘测地形数据对比分析报告，彩色专题图高程差异程度;

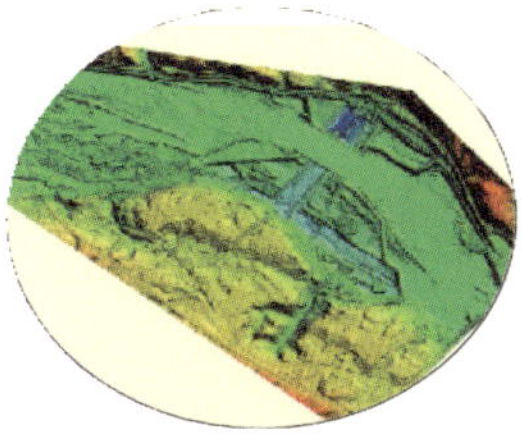

（6）技术设计书，项目总结报告;

（7）提供 Civil 3D 与 3DMAX 中地形影像及三维模型整合的格式模型，且航测范围外使用低精度地理模型与航测范围内高精度地理模型组合。

原区域湖泥坝（现坝体主体）、叉鱼坝（现料场）及湖面均取消航测，将 3 平方千米面积扩大到营地、右岸主要区域、上下游延长。

范围边界以岷江大桥、乐宜高速、犍为大桥、兰磨线围合区域为外边界，内部扣除江岸线内水域、叉鱼坝、湖泥坝。最终航测范围约 3.2 平方千米（红线示意，且航测实际范围应外扩）。

1.3.1.2 航测点云地形数据与传统勘测地形数据精度比对及纠偏

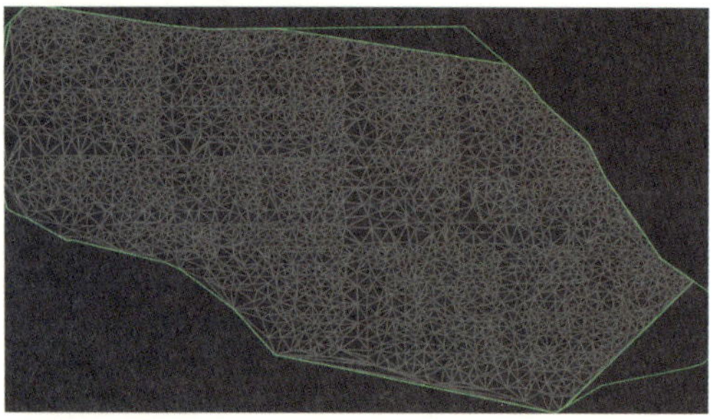

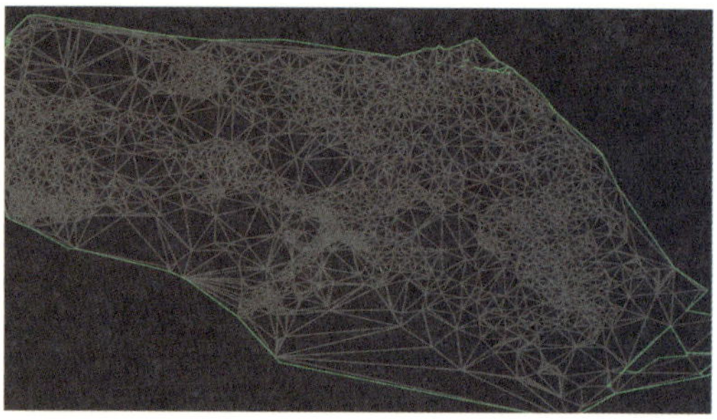

实际航测数据

常规	
修订号	0
点数	5564953
最小 *x* 坐标	539030.000 m
最小 *y* 坐标	3233644.000 m
最大 *x* 坐标	542335.000 m
最大 *y* 坐标	3236560.000 m
最小高程	297.320 m
最大高程	434.150 m
平均高程	339.296 m

扩展	
二维曲面面积	5564455.50 m^2
三维曲面面积	5951604.22 m^2
最小坡率 / 坡度	0.00%
最大坡率 / 坡度	7251.57%
平均坡率 / 坡度	37.14%

三角网	
三角形数	11128911
最大三角形面积	0.50 m^2
最小三角形面积	0.50 m^2
三角形最小边长	1.000 m
三角形最大边长	36.235 m

传统电子地形图数据提取

常规	
修订号	0
点数	12066
最小 *x* 坐标	539083.859 m
最小 *y* 坐标	3234246.501 m
最大 *x* 坐标	542208.935 m
最大 *y* 坐标	3236436.610 m
最小高程	302.222 m
最大高程	400.548 m
平均高程	332.707 m

扩展	
二维曲面面积	4348026.42 m^2
三维曲面面积	4687612.80 m^2
最小坡率 / 坡度	0.00%
最大坡率 / 坡度	3746941.97%
平均坡率 / 坡度	1138.94%

三角网	
三角形数	23950
最大三角形面积	101032.67 m^2
最小三角形面积	0.00 m^2
三角形最小边长	3.160 m
三角形最大边长	1307.235 m

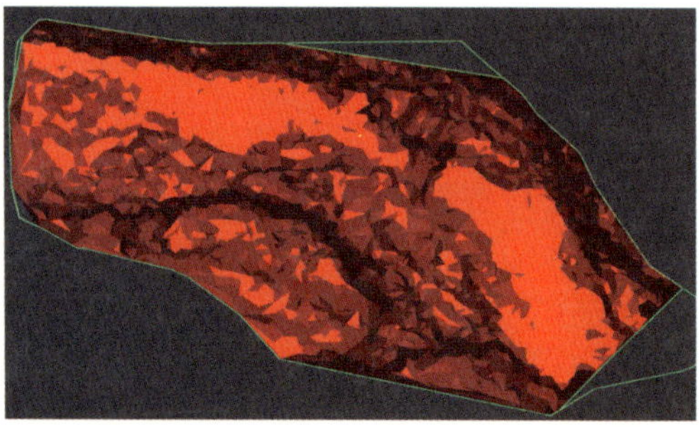

实际航测高程坡度数据

坡度表				
序号	最小坡度	最大坡度	面积（平方米）	颜色
1	0.00%	1.00%	802391.08	
2	1.00%	2.00%	297243.46	
3	2.00%	4.12%	563736.46	
4	4.12%	7.28%	513366.93	
5	7.28%	13.42%	544867.06	
6	13.42%	26.87%	540778.47	
7	26.87%	54.56%	543005.75	
8	54.56%	9999900.00%	543038.46	

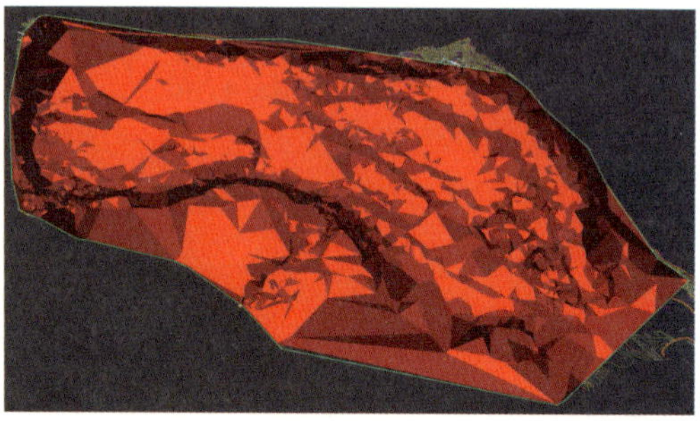

传统电子地形坡度数据提取

坡度表				
序号	最小坡度	最大坡度	面积（平方米）	颜色
1	0.00%	1.75%	802391.08	
2	1.70%	3.82%	297243.46	
3	3.82%	7.00%	563736.46	
4	7.00%	12.40%	513366.93	
5	12.40%	22.03%	544867.06	
6	22.03%	39.95%	540778.47	
7	39.95%	81.64%	543005.75	
8	81.64%	3746941.97%	543038.46	

1.3.1.3 航测流域及库容面积模拟分析

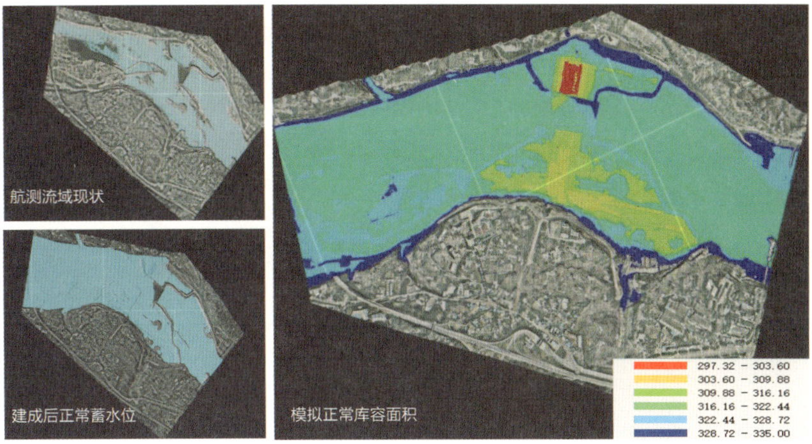

1.3.2 场地路桥洞及景观市政设计建模

1.3.3 主体构筑物建筑信息建模：土建机电整合模型剖析

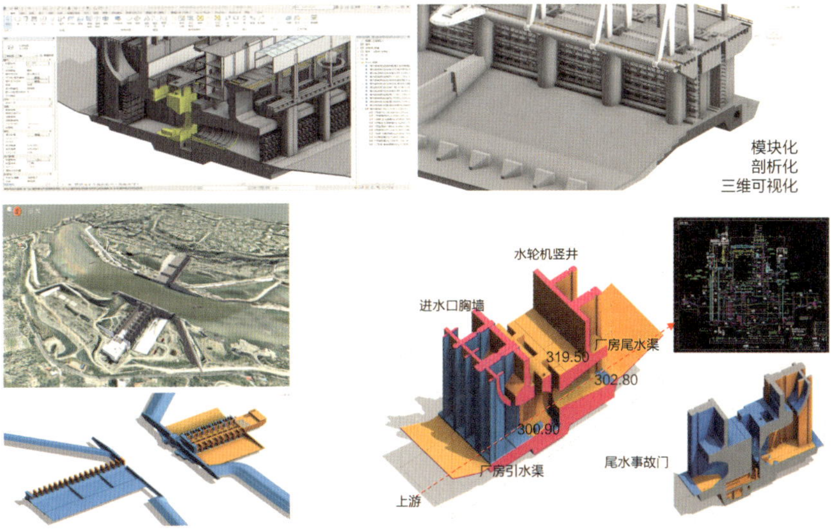

设计模型与 GIS 模型整合　　　　断面几何信息提取分析

1.3.4 BIM 图模联动正向设计与应用：2+3 维图模联动出图

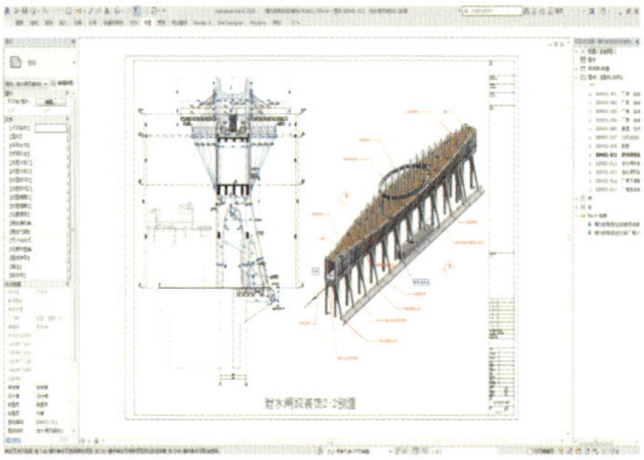

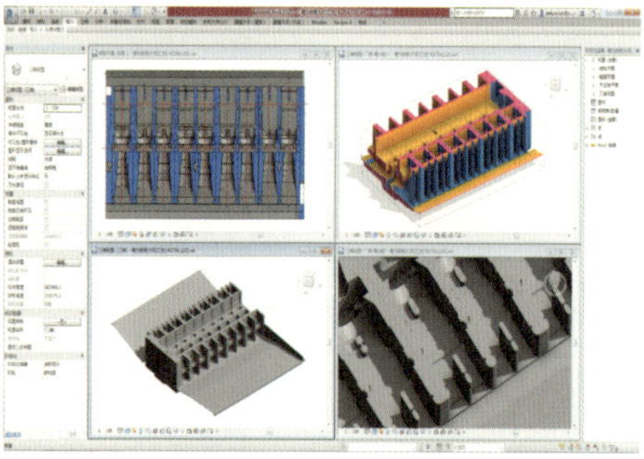

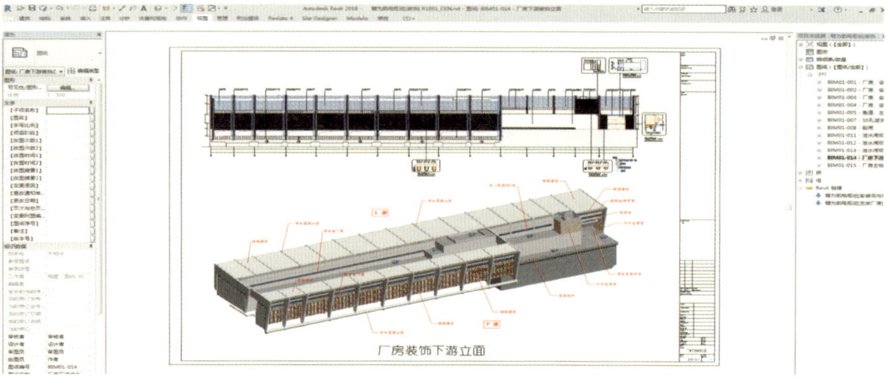

1.3.5 BIM 正向设计与应用：机电厂房屋面结构设计

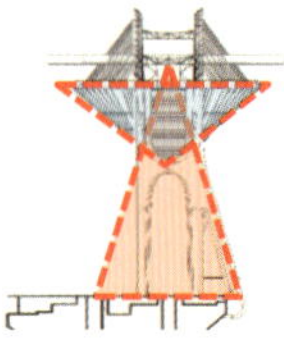

1. 稳定的三角形底部结构，设计上具有哥特建筑飞扶壁的效果。
2. 倒三角形上部结构，提供宽大顶层活动平台。其与下部结构结合，形式优美而动态。
3. 顶层平台采用外挑结合悬索结构，结构造型及尺度轻盈。

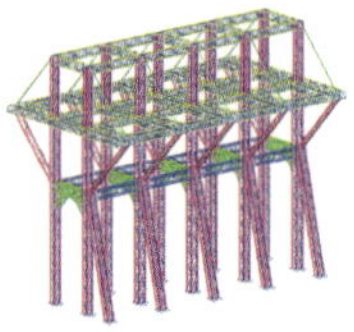

1. 根据计算，材质选用 Q345。
2. 柱截面尺寸：
竖向格构式柱（外侧）1325x1325~1025x1025
斜向格构式柱（外侧）~1225x1225
分肢尺寸 ~Φ325x16，缀条尺寸 ~ Φ121x6
3. 首层桁架：1000x1500~1000x1000
二层、三层桁架：1000x1200~700x1400
二层弦杆尺寸：Φ325x16，腹杆尺寸：Φ121x6

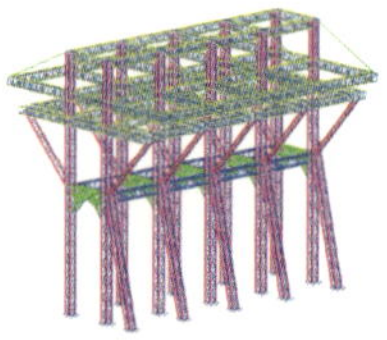

1. 圆弧段增设一层桁架：700x1400
弦杆尺寸：Φ325x16
腹杆尺寸：Φ121x6
2. 拉索尺寸：D150

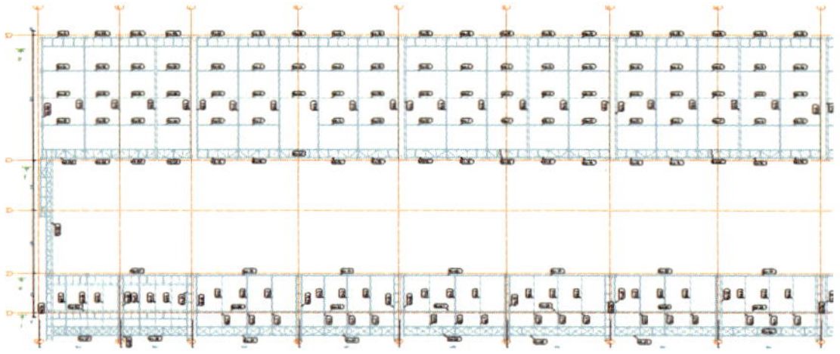

导出 CAD 图纸

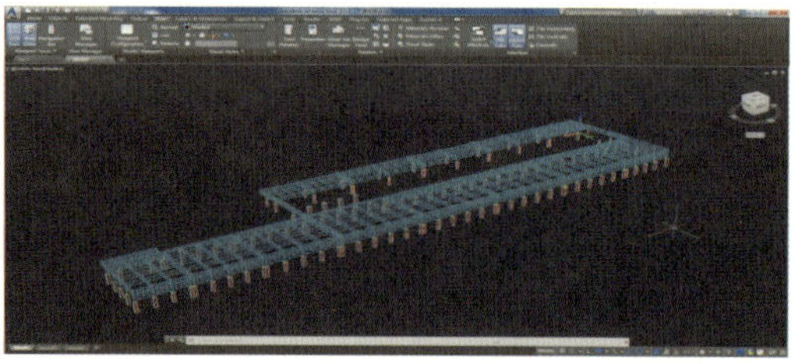

Advance Steel 模型文件

1.3.6 模拟分析验证设计

一、排架方案流体分析

通过模拟分析验证，设计中泄洪闸排架柱增加一跨斜支飞扶壁构造，改善排架柱稳定性。整体排架柱截面不增加，避免对风载及泄洪的影响。

二、坝体日照阴影分析

坝体日照阴影分析对光影关系进行模拟验证。

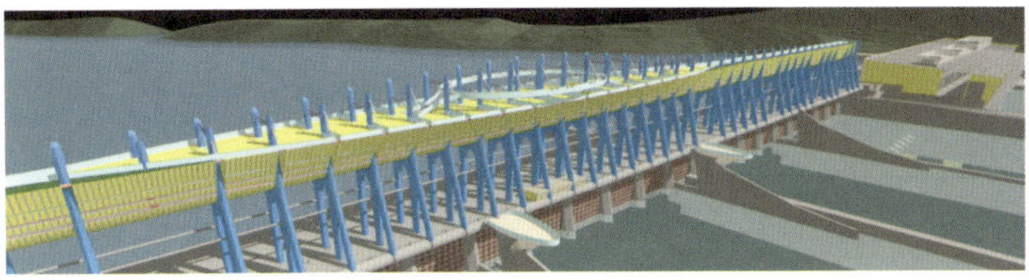

BIM 风场 / 风载模拟分析

1.3.7 参数化辅助优化异形设计

借助参数化工具， 将复杂二维曲面造型转化为简单平面构件。通过简单构造实现富有特色的闸坝外观造型。

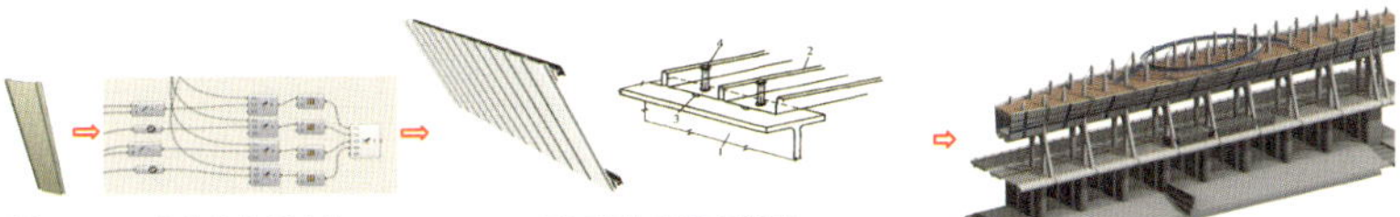

1.3.8 错漏碰缺检查及优化分析报告

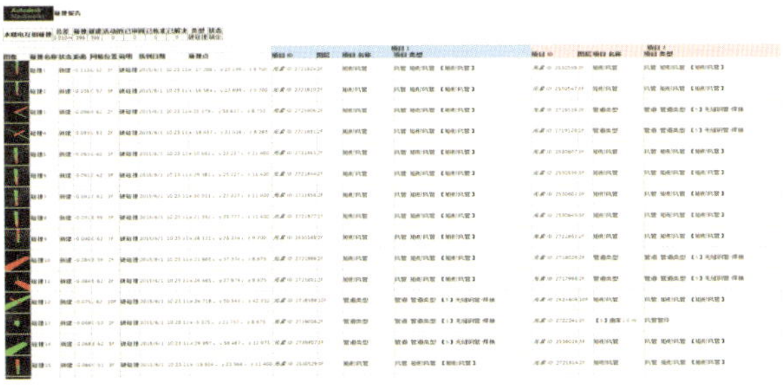

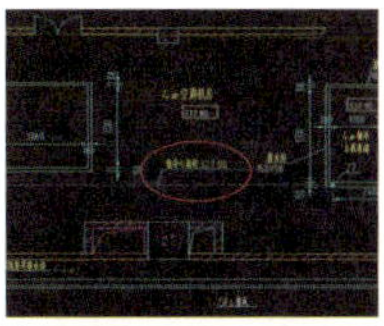

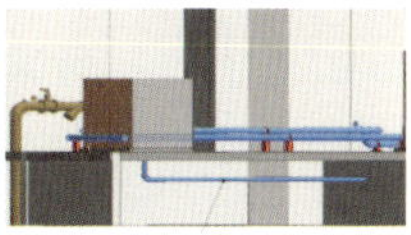

空调排水管中心高度有误

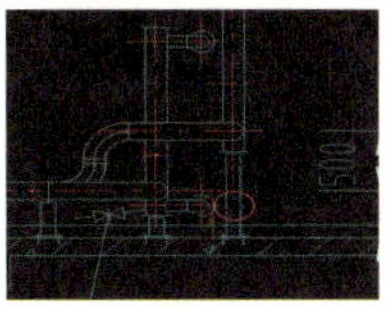

冷却排水管道关系不明确

1.3.9 可视化设计交底及移动端现场应用

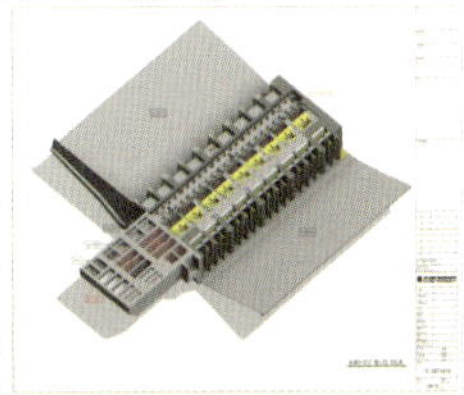

1.4 在线精细化管理 施工建设 BIM 应用

1.4.1 施工场地模型搭建及维护更新：左右岸施工区域

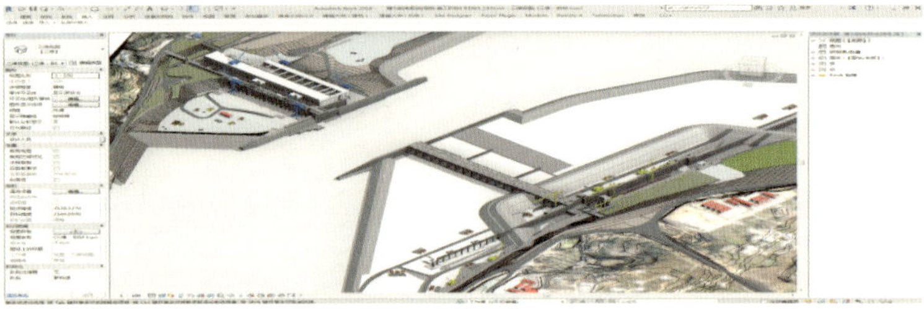

1.4.2 PBIM 模型：左右岸施工模型及现场比对

1.4.3 可视化技术交底及答疑

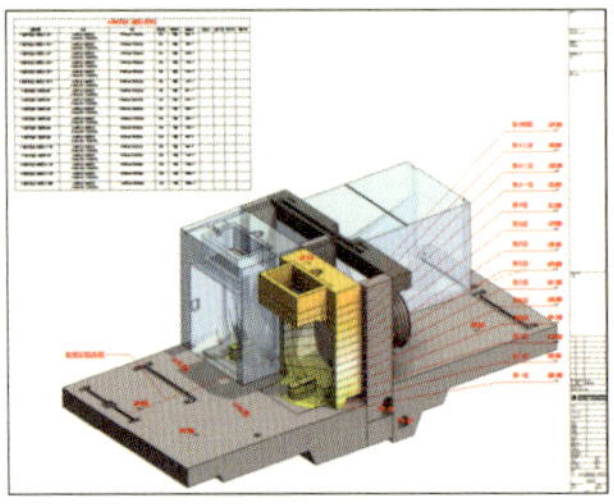

厂房机组二期混凝土分层浇筑

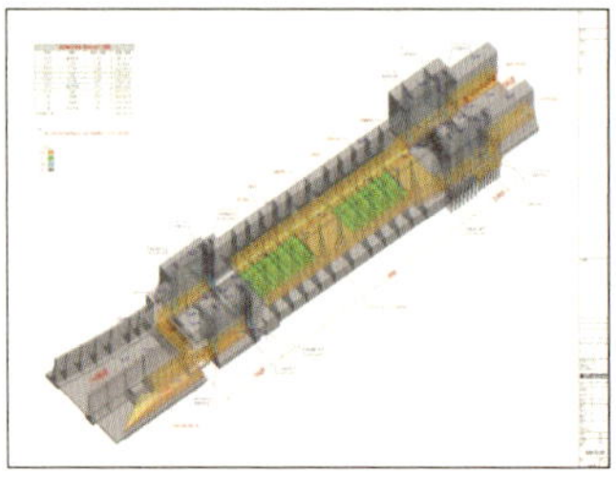

船闸输水系统——整体

1.4.4 实时交互式专项施工方案模拟

一、BIM 专项施工模拟要点

（1）施工计划参数直接导入模拟；

（2）满足实时变更，现场推演要求。

二、船闸施工专项模拟关键点

（1）船闸整体阶段施工界面、流程转换验证；

（2）船闸跳仓分仓施工衔接与时间规划推演。

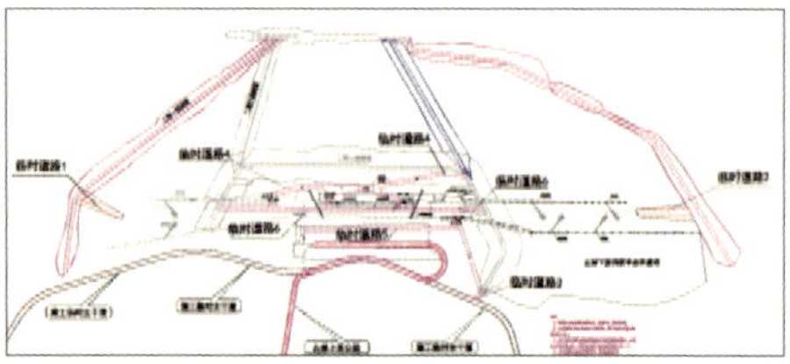

船闸施工总平面布置图

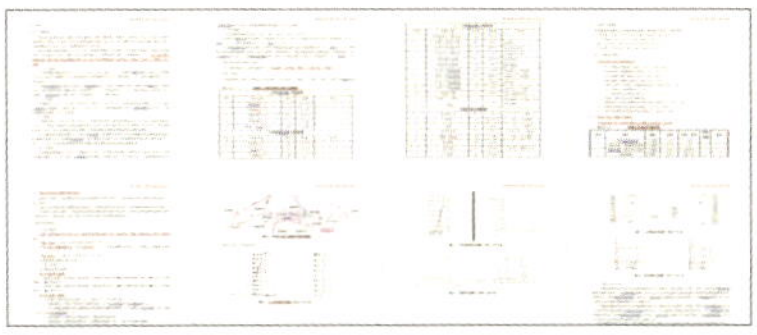

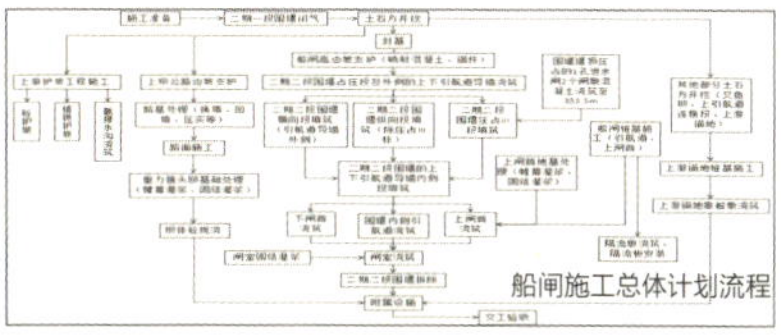

船闸施工总体计划流程

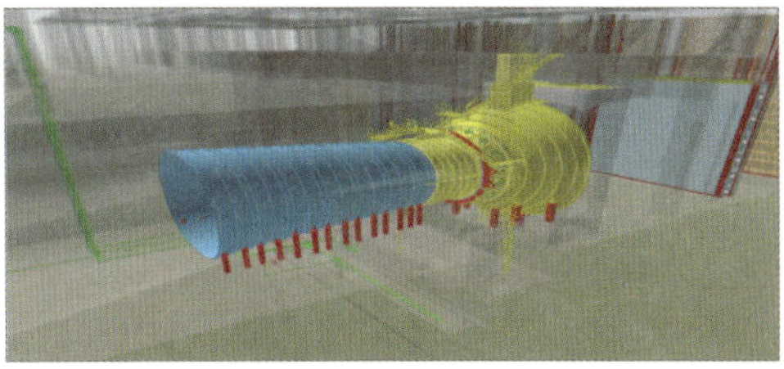

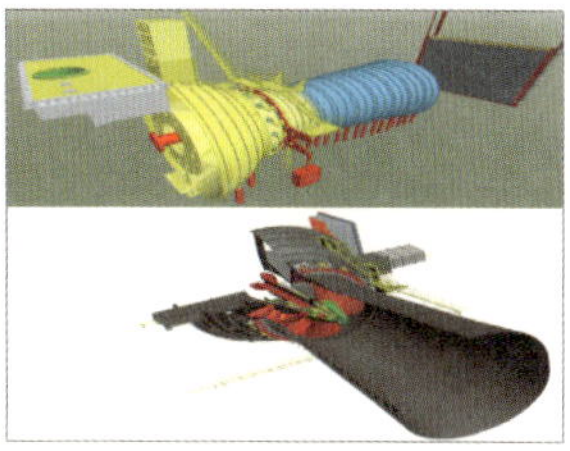

1.4.5 机电设施综合校核、优化及安装指导

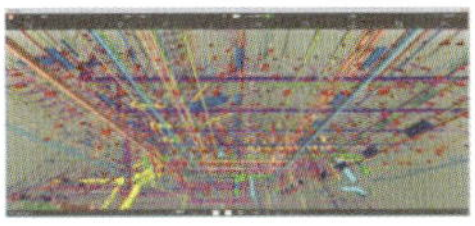

BIM 机电管综深化设计管理

（1）基于 BIM 模型，利用平台多专业协同工作；

（2）甲方设计部门利用平台远程管理深化工作。

BIM 机电管综安装现场管理

（1）基于 BIM 模型与图纸，利用平台移动端指导；

（2）现场机电各分包交接作业及现场问题云协同反馈。

BIM 机电管综质量验收管理

（1）利用点云扫描核对模型并对比验收；

（2）验收质量问题经平台发布至机电总承包方并整改。

BIM 机电施工指导模型

安装现场模型

安装模型对比

1.4.6 激光扫描校核及阶段验收配合

三维激光逆向扫描现场

激光扫描点云数据

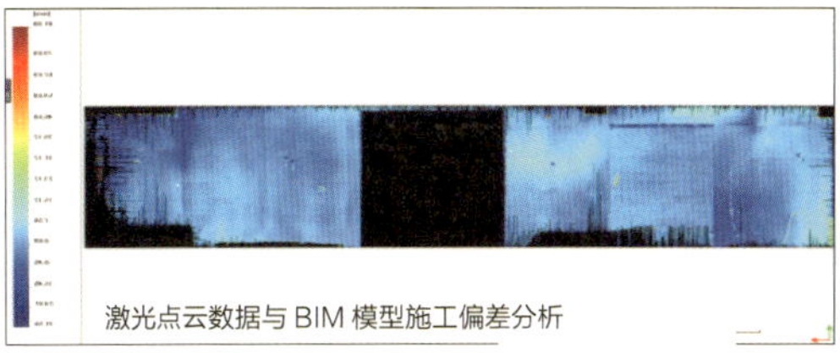

激光点云数据与 BIM 模型施工偏差分析

1.4.7 移动端审核管理应用定制开发及使用

犍为 BIM 协同管理平台应用需在业主统一安排下，共同参与应用。为有效保证犍为航电枢纽 BIM 项目协同平台的实施应用，成立以业主为主导，设计、施工、监理、BIM 顾问共同参与建设与应用的犍为航电枢纽 BIM 信息协同平台。

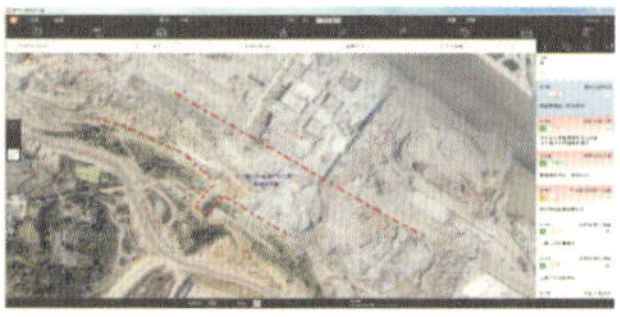

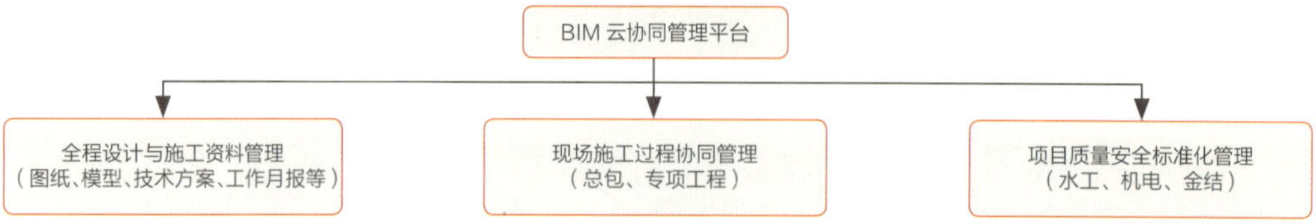

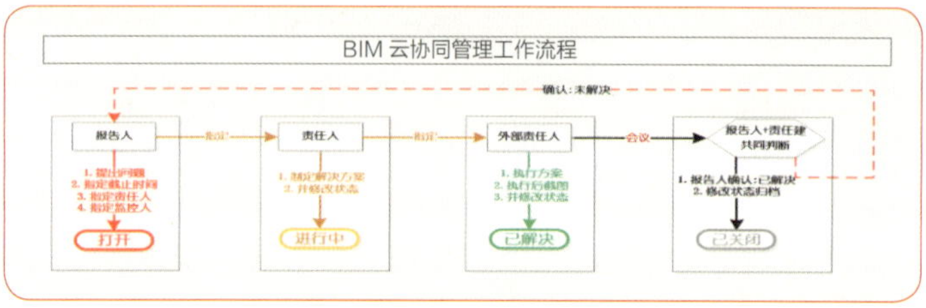

1.4.8 在线多维化项管平台应用

1.4.9 4D 施工进度模拟与管控

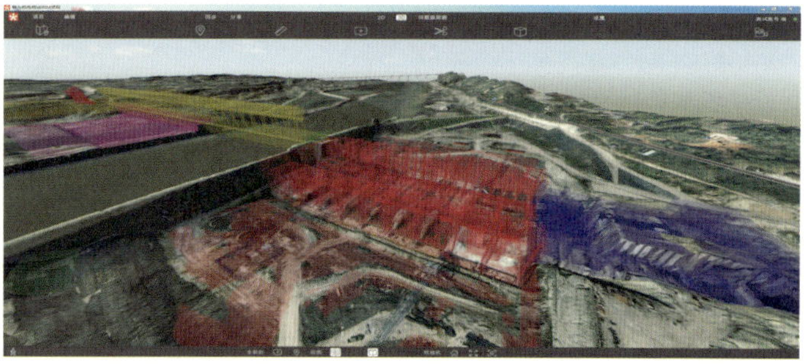

1.4.10 三期截流工期反推

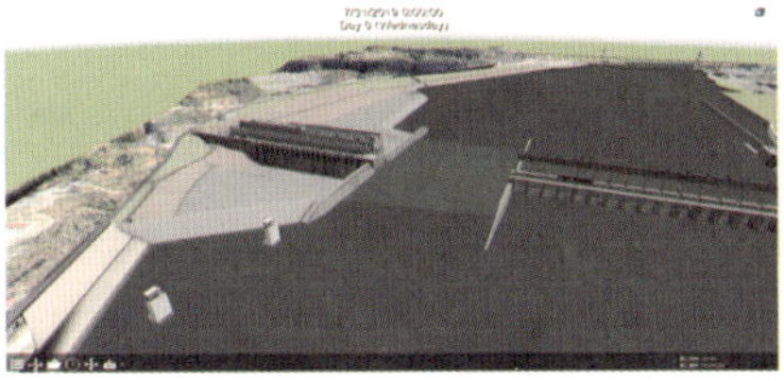

（1）上游围堰临时施工道路线路方案调整；
（2）穿闸墩道路设置，一条改两条；
（3）下基坑道路修改为与后期运渣道路无缝连接；
（4）围堰内 10 孔闸坝上下游施工设备布置与运转方案调整；
（5）闸墩闸坝浇筑方式的优化，由履带吊改为履带吊加固定塔吊；
（6）优化新增长臂挖掘机与地泵入仓方式；
（7）优化新增具体模板套数及轮换方式的计划数据信息；
（8）优化新增钢筋、模板、浇筑等具体工期人员安排计划；
（9）优化后大力压缩了施工工期，比如排架柱施工工期由 130 天缩短为 60 天；
（10）提前考虑了电缆沟与铺装层的施工时间；
（11）提前优化了排架柱的施工方式，由汽车泵改为固定塔吊施工；
（12）优化一期二段上游围堰由开口修改为全部拆除；
（13）优化下基坑道路坡度，由大坡度改为小坡度；
（14）优化闸门的安装时间以及可能遇到的问题，提前设计了解决方案；
（15）整体推进了三期施工方案的进度、质量、安全及关键细节方案的确认，促进了三期工程施工方案重难点问题的全面暴露。

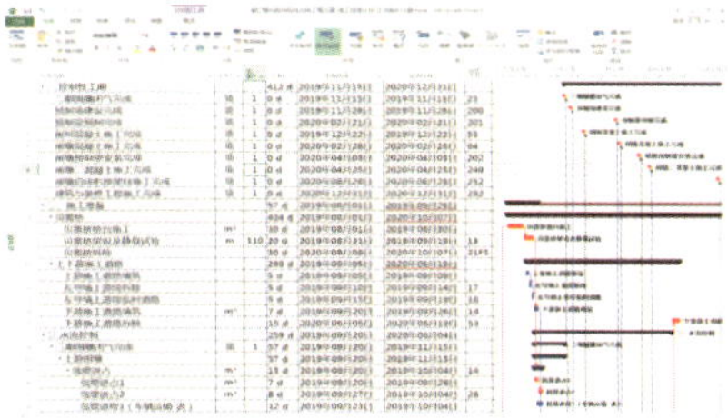

1.5 全息精确务实化 BIM 实施应用总结

岷江犍为航电枢纽 BIM 技术应用

BIM 全息化　智能化　精细化

岷江犍为航电枢纽为采用系统性 BIM 领先技术应用的大型航电工程项目。项目全周期采用多维数字化信息技术，依托虚拟建造的先进工程理念，搭建全息化、智能化、精细化的工程管理协同模式，有效辅助工程品质管控，实施协同并完善质安保障体系建设。该项目 BIM 应用主要体现为标准化执行、全息化信息建模、虚拟建造管控模式、云平台协同管理及全息可视化交互五个内容特征。

BIM 云协同平台管理

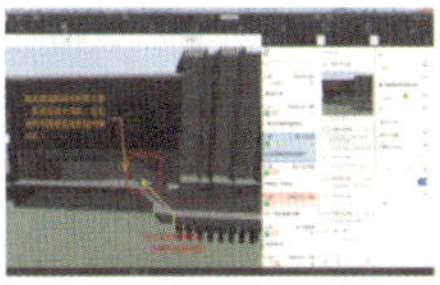

管理特点

（1）BIM 多维成果辅助，全员参与，人人负责；
（2）实时在线监管，移动高效应用，方便快捷；
（3）质安管理全面、精细化，全程跟踪整改情况；
（4）云后台数据分析统筹强化项目质安风险管理。

全息化信息建模

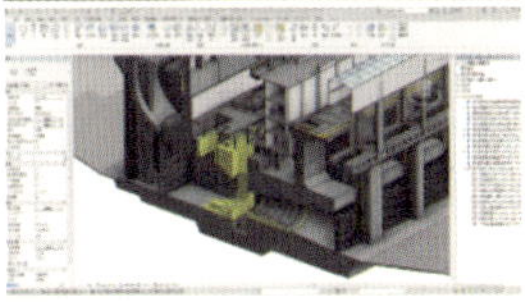

虚拟建造管控模式

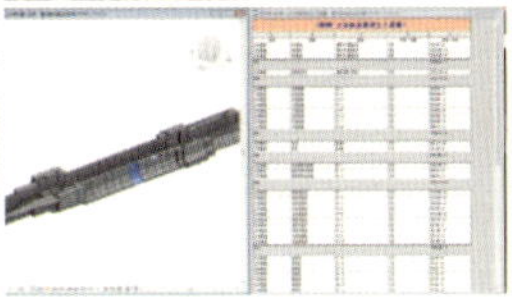

云平台协同管理

全息可视化交付

2. 天府新区工程建设项目群基于 BIM 技术的总控实践

2.1 项目概况

2.1.1 项目背景

四川省天府新区作为国家级新区，是中国西部地区的核心增长极与科技创新高地，是以现代制造业和高端服务业为主，宜业宜商宜居的国际化现代新区。成都科学城是天府新区的重要组成部分，新区规划建设和城市管理局重大项目处贯彻“高起点规划，高品质设计，高水平建设”的理念。

早在 2015 年，新区便引入 BIM 技术全面应用于各类新建项目，其目的如下：

（1）深入贯彻国家“十三五”规划纲要建筑信息化要求。

（2）通过 BIM 技术实践应用建立一套新区管理标准，该规定一经出台，将成为四川省首个地方政府级 BIM 应用管理规定。

2.1.2 项目群区位

天府新区科学城

鹿溪智谷

鹿溪河下游：

下游工程全长 3.5 千米，设计红线面积 90.8 万平方米，涉及景观绿化、水闸、河道整治、水生态专项等工程。

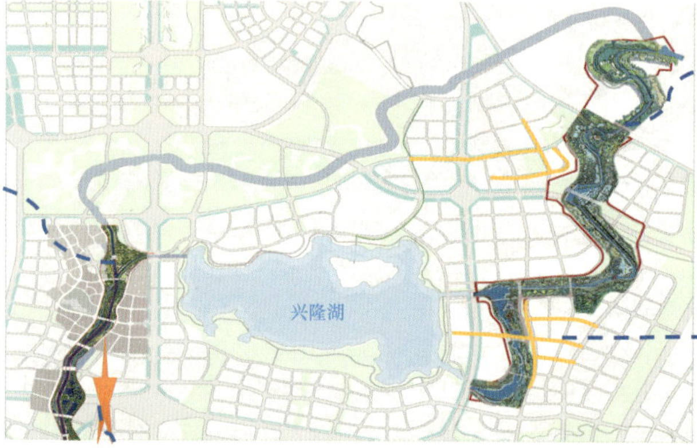

鹿溪智谷

鹿溪河上游：

上游工程全长 7.6 千米，设计红线面积 180.1 万平方米，涉及景观绿化、水闸、河道整治、水生态专项。

天府新区管廊：

天府新区核心区综合管廊涉及兴隆、正兴、华阳、秦皇寺等片区，总长度约 8 千米。

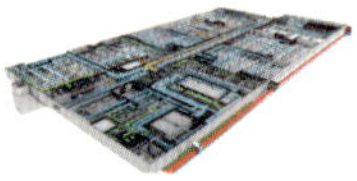

天府新区第一污水处理厂：

国家级 PPP 示范项目，成都市第一座全埋地式污水厂，项目规划用地 8.77 万平方米（131.55 亩），地上建筑总面积 5063 平方米，地下污水处理面积 41605 平方米，使用 MBR+ 臭氧活性炭工艺，近期污水处理规模达 10 万吨 / 天，远期总规模 26 万吨 / 天。

2.1.3 项目群构架

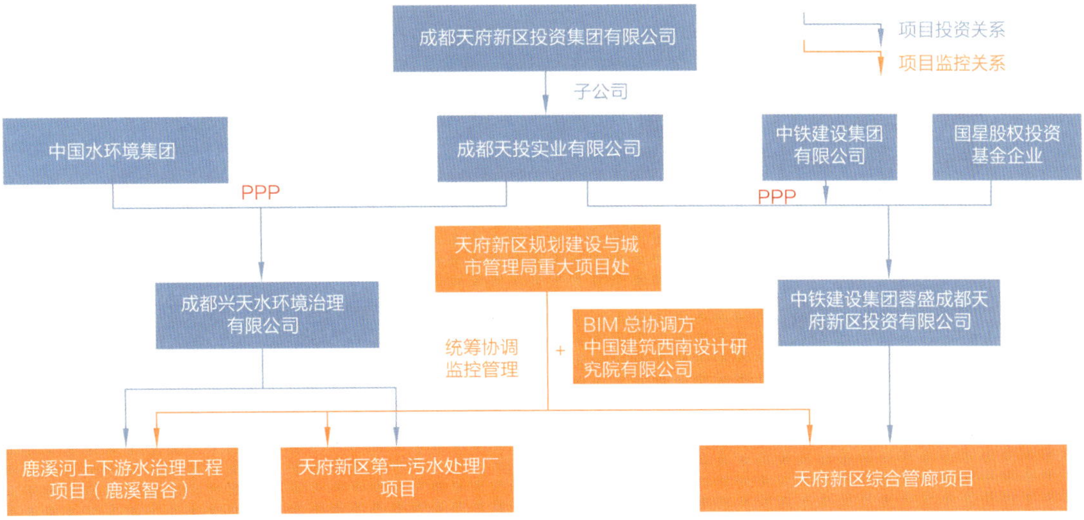

2.1.4 BIM 总控职责及目标

一、BIM 总控职责

（1）根据项目的要求，制定《BIM 实施大纲》，组织管理该项目的 BIM 实施；

（2）分别制定具体的《项目 BIM 实施方案》，监督各参与方执行，并贯彻实施；

（3）审核与验收各阶段项目参与方提交的 BIM 成果，并提交各阶段 BIM 成果审核意见，协助规建局进行 BIM 成果归档；

（4）充分挖掘 BIM 技术在工程中的使用价值，保证工程质量、进度及效益；

（5）为各参与方提供 BIM 支持。

二、BIM 总控目标

建立　三维信息模型 + 多维信息模型 + 信息共享

↓

减少　工程项目信息流失

↓

提供　工程项目相关人员沟通交流平台

↓

提高　工程项目综合管理水平

↓

达到　降本增效的目标

2.2 项目群 BIM 实施策划

天府新区项目集群

（鹿溪智谷、第一污水处理厂、综合管廊）

BIM 实施策划

（V2 版）

中国建筑西南设计研究院有限公司

2017 年 1 月

（1）协调沟通，制定总体目标；

（2）分析各参建方，构建实施小组框架；

（3）策划分析，制定全过程 BIM 管理关键点；

（4）监管全过程 BIM 管理关键点，职责落实；

（5）有的放矢制定模型深度、标准；

（6）多种措施保证模型质量；

（7）全过程 BIM 保障措施，提高抗风险能力；

（8）制定最大产出比的 BIM 硬件配置。

2.2.1 项目群 BIM 应用目标

贯穿 BIM 思想于项目全生命周期，落实 BIM 成果于项目关键节点上

支撑绿色建筑设计，强化设计协调，减少因“错、缺、漏、碰”导致的设计变更，提高设计效率和设计质量，从而达到精细化设计要求

提高深化设计质量和效率，提高进度计划的管理能力，尽可能优化施工方案，节约工期

提高现场施工方案的合理性与科学性，提升工作效率和施工质量，减少工程变更

全过程引入物联网思想，以物联网 +BIM 技术推进项目信息化，提高项目管理水平

项目群应该为以点带面带动整个新区所有 PPP 项目的信息化全面推进起到示范作用

2.2.2 BIM 工作组职责

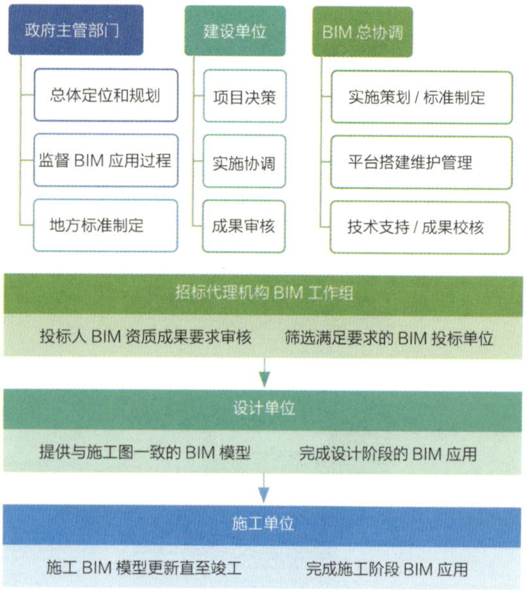

2.2.3 全生命周期 BIM 项目管控要点

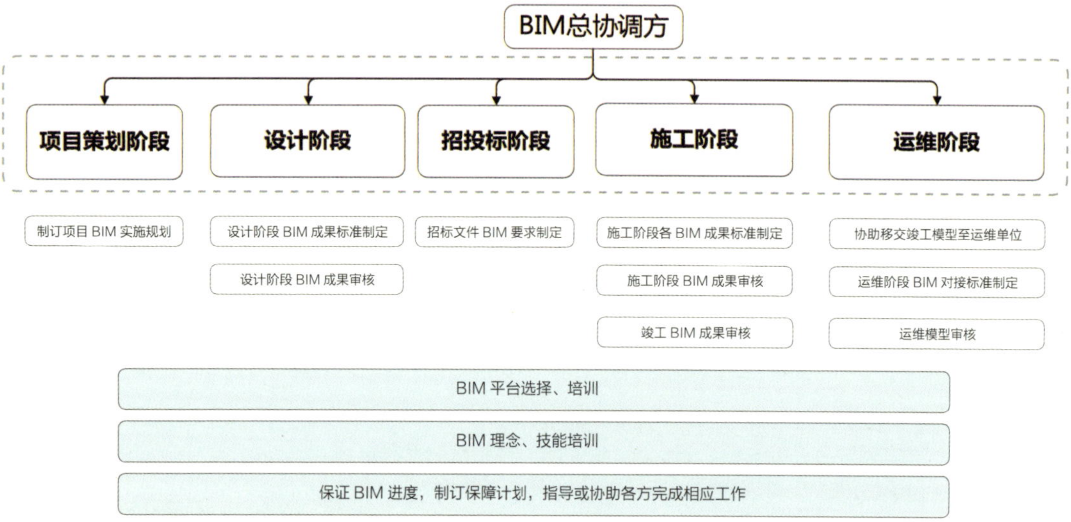

2.2.4　全生命周期 BIM 项目管控要点

监管、全过程BIM管理关键点职责落实

标注：P=执行主要责任　I=建模　O=应用　S=协办次要责任　IA=模型整合优化　R=审核　A=需要时参加

序号	工作内容	建设方（领导层、决策层）			参与方（实施层）					
		政府主管部门	业主	BIM总协调	设计	招标	施工	监理	造价	运维
1	项目策划阶段									
1.1	BIM实施规划编制	S/R	S/R	P/IA						
2	设计阶段									
2.1	构建设计BIM模型	R	R	S/R/IA	P/I					
2.2	基于设计BIM模型分析应用			S/R/IA	P/I					
3	招投标阶段									
3.1	招标中BIM要求	R	R	P/R		S				
3.2	合同中BIM条款	R	P	S/R		S				
4	施工阶段									
4.1	施工阶段BIM模型，竣工模型	R	R	S/R/IA			P/I		O	
4.2	施工场地布置模型	R	R	S/R/IA			P/I		O	
4.3	施工总难点深化	R	R	S/R/IA			P/I	O		
4.4	4D施工模型（施工模型+进度计划）	R	R	S/R/IA			P/I	O		
4.5	物联网与现场管控	R	R	S/R			P	O		
4.6	监理单位BIM应用	R	R	S/R				P		
4.7	造价单位BIM应用	R	R	S/R					P	
5	运维阶段									
5.1	BIM、运维结合	R	R/O	S/R/IA			A			P/I

2.2.5　有的放矢制定模型深度、标准

（1）鹿溪河上下游水治理工程（景观工程）。

（2）天府新区第一污水处理厂［市政基础设施（工艺）工程］。

（3）天府新区综合管廊与市政道路（市政道路管廊工程）。

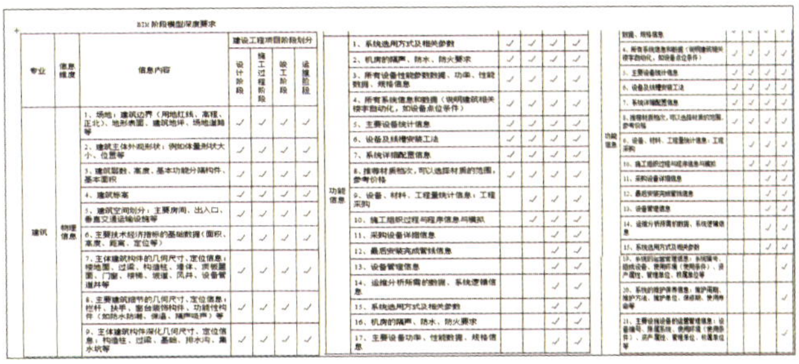

BIM 阶段模型深度要求

专业	信息粒度	信息内容	建设工程项目阶段划分：设计阶段	施工过程阶段	竣工阶段	运维阶段
建筑	物理信息	1、场地：建筑边界（用地红线、高程、正北）、地形表面、建筑地坪、场地道路等	✓	✓	✓	✓
		2、建筑主体外观形状：例如体量形状大小、位置等	✓	✓	✓	✓
		3、建筑层数、高度、基本功能分隔构件、基本面积	✓	✓	✓	✓
		4、建筑标高	✓	✓	✓	✓
		5、建筑空间划分：主要房间、出入口、垂直交通运输设施等	✓	✓	✓	✓
		6、主要技术经济指标的基础数据（面积、高度、距离、定位等）	✓	✓	✓	✓
		7、主体建筑构件的几何尺寸、定位信息：楼地面、过梁、构造柱、墙体、屋板屋面、门窗、楼梯、坡道、风井、设备管道井等	✓	✓	✓	✓
		8、主要建筑细节的几何尺寸、定位信息：栏杆、扶手、窗台装饰构件、功能性构件（如防水防潮、保温、隔声吸声）等	✓	✓	✓	✓
		9、主体建筑构件深化几何尺寸、定位信息：构造柱、过梁、基础、排水沟、集水坑等	✓	✓	✓	✓

信息粒度	信息内容	设计阶段	施工过程阶段	竣工阶段	运维阶段
功能信息	1、系统选用方式及相关参数	✓	✓	✓	✓
	2、机房的隔声、防水、防火要求	✓	✓	✓	✓
	3、所有设备性能参数数据、功率、性能数据、规格信息	✓	✓	✓	✓
	4、所有系统信息和数据（说明建筑相关楼宇自动化，如设备点位条件）	✓	✓	✓	✓
	5、主要设备统计信息	✓	✓	✓	✓
	6、设备及线槽安装工法	✓	✓	✓	✓
	7、系统详细配置信息	✓	✓	✓	✓
	8、推荐材质档次，可以选择材质的范围，参考价格	✓	✓	✓	✓
	9、设备、材料、工程量统计信息，工程采购		✓	✓	✓
	10、施工组织过程与程序信息与模拟		✓	✓	✓
	11、采购设备详细信息			✓	✓
	12、最后安装完成管线信息			✓	✓
	13、设备管理信息			✓	✓
	14、运维分析所需的数据、系统逻辑信息			✓	✓
	15、系统选用方式及相关参数			✓	✓
	16、机房的隔声、防水、防火要求			✓	✓
	17、主要设备功率、性能数据、规格信息			✓	✓

2.2.6　质量控制：多种措施保证成果质量

在设计阶段、施工阶段和后期运营维护阶段，为保证该项目每个阶段的成果质量，必须定义和执行成果质量控制程序。

1. 制定质量准则

BIM 模型质量控制准则

1) 项目各参建方应响应招标文件，根据合同约定的 BIM 工作内容，按节点要求按时提交 BIM 工作成果，并保证 BIM 模型交付准确，符合合同要求。

2) BIM 模型交付准确性是指模型和模型构件的模型形状和尺寸以及模型构件之间的位置关系准确无误，相关属性信息也应保证准确性。各参建单位在模型交付前应对模型进行自检，确保模型准确反映真实的工程状态。

3) 项目各参与方在提交 BIM 成果时，各 BIM 负责人应将 BIM 成果交付函件、签收单、BIM 成果文件一式两份提交业主和 BIM 总协调方。

4) 项目各参与方在项目 BIM 实施过程中提交的所有成果，应接受 BIM 总协调方的管理与监督。

2. 制定质量控制方法

BIM 模型质量控制方法

1) 人工检查：通过浏览模型，确保模型中没有计划外的模型组件，满足工程意图

2) 碰撞检查：通过碰撞检查软件，发现建筑构件之间的冲突问题。

3) 标准检查：确保模型符合国家、行业、地方标准规范的要求，符合项目团队达成的要求；

4) 单构件检查：确保模型数据中没有定义或定义不正确的信息。

5) 抽查验证：抽查 10%的模型构建尺寸，信息的正确性。

质量控制表可如下表：

阶段	检查方法	检查内容	检查结果	检查人	负责人	整改意见

3. 设计阶段质量控制

设计阶段质量控制

在设计阶段，设计单位根据国家标准和项目《BIM 模型标准》实施流程，定义好各个阶段的模型详细程度、格式等。通过视觉自检，保证模型体现设计意图，碰撞检查解决土建和工艺出现的碰撞，标准检查确保模型遵守相应的 BIM 和 CAD 标准。设计阶段质量控制方法：

4. 施工阶段质量控制

施工阶段质量控制（协调配合）

在施工阶段，依托设计 BIM 模型进行模型深化，根据相应的应用点展开实施设定实施计划，开展工作。

1) 严格按照 BIM 实施流程执行。

2) 每个专业分包团队对各自的专业模型质量负责，每次模型质量控制检查都要有确认文档，记录做过的检查项目，以及检查结果。项目经理对每一修正后的模型质量负责。

5. 运维阶段质量控制

运营阶段质量控制（协调配合）

污水厂的运维与一般建设项目的运维不同，专业性更强，运维方对运维所需的信息更加清楚，因此，BIM 总协调方在本阶段为将起辅助协调作用，协助运维方进行 BIM-物联网-运维平台的搭建，并提出指导意见，业主起主要的监督责任。

2.2.7 制定最大产出比的 BIM 硬件配置

依据各参建方对 BIM 模型的应用程度，划分三个等级的硬件配置供各方参考。

（1）V_1 为能运行 BIM 模型；

（2）V_2 为能流畅运行绝大部分 BIM 模型；

（3）V_3 为能运行大而复杂的 BIM 模型。

参建方选购建议	政府主管	业主	BIM 协调方	设计	施工	监理	造价	运维
V_1	√	√				√	√	√
V_2				√	√			
V_3			√		√			

2.2.8 项目集群 BIM 管控平台

标准化、流程化 BIM 成果及 BIM 实施策划：

（1）模型交付：*.rvt，*.nwc，* .nwd，* .fbx，*.skp，* .3ds，*.lsp；

（2）节点交付：*.nwc，* .nwd，2Dpdf，3Dpdf，excel，word；

（3）过程模型交付：*.nwc，* .nwd，2Dpdf，3Dpdf，excel，word，*.exe；

（4）图纸、资料、培训管理资料、会议纪要及过程文件 。

2.3 项目群 BIM 应用亮点

2.3.1 天府新区第一污水处理厂

天府新区第一污水处理厂由地下两层和地面景观层构成。负一层：操作层，所有仪器、仪表和控制设施都分布在该层，人员的检修作业也在该层进行。负二层：水工艺处理层，MBR 生化池、膜池、生物除臭、接触消毒池、臭氧间及活性炭滤池等分布在该层。

该污水厂建成后将成为四川省规模最大的全埋地式污水处理厂。该项目技术上的亮点主要在于解决了污水厂建模、现场施工及运维需求产生等问题，涉及设计、施工、运维，分为 BIM 技术上的深入型和创新型两种类型。在各项运用中贯穿使用 VR（虚拟现实）技术。

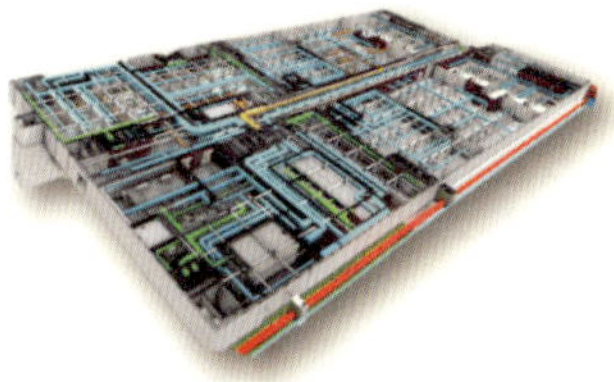

负一层

地面层景观

阶　段	内　容	亮点类型
设计前期	（1）地下：构造污水厂（工厂类）专有模板、特有连接、设备、重力管道 （2）地上：地面景观方案推敲	深入型 深入型
施工期	（1）工期要求：4D 模拟（Naviswork 对比广联达 5D） （2）工艺要求：管线分析、管道安装指导 +VR （3）展示要求：熟练运用 VR 技术，拓展 VR	深入型 深入型 创新型、深入型
运维期	（1）创新性地将运维模型结合 IBM PMQ 运维系统 （2）创新性地结合 BIM 技术开展 RFID 物联网技术	创新型 创新型

2.3.1.1 设计前期构造污水厂专有模板和构件

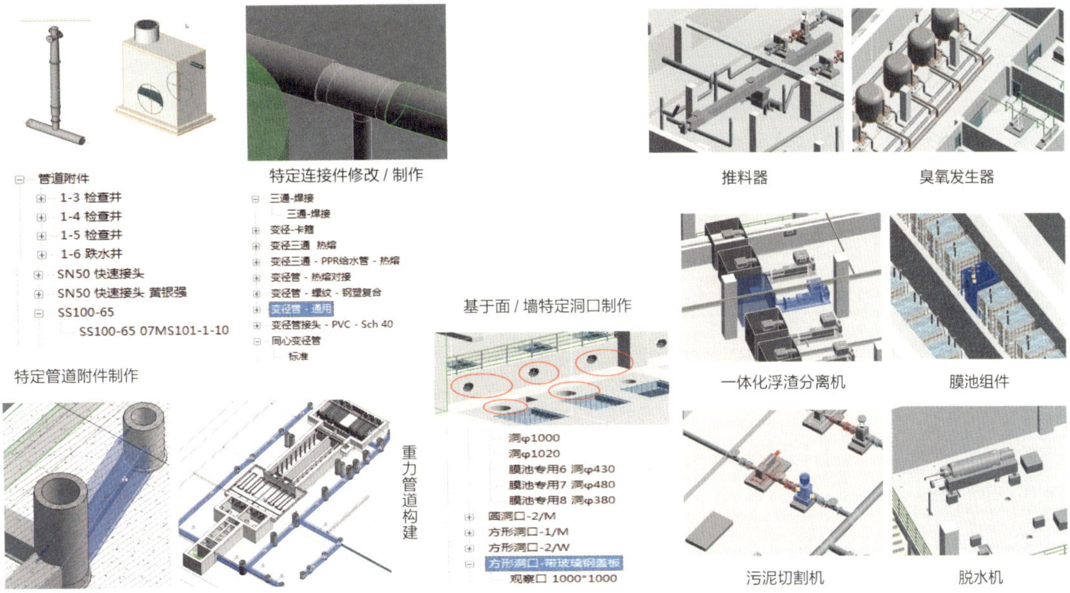

2.3.1.2 项目景观模型搭建辅助设计方案优化

一、进度计划 4D 模拟（Naviswork 对比广联达 5D）

为推进新区建设，政府及业主对工期要求很紧，从 2016 年 9 月至 2017 年 5 月，土建从开挖、浇筑到封顶，工期压力极大，因此项目成员须做到：预演施工过程，消除潜在施工面冲突问题；优化内在施工顺序，以节省工期，保证 2017 年 5 月土建封顶。

下图所示动态造价曲线在一定程度上可辅助估算工程费用。

二、预演施工过程碰撞，消除潜在施工面冲突问题

（1）预演机电（工艺管道）与基坑的碰撞，共计 17 处，集中在预处理区和负一层、负二层交接处。

（2）土建和基坑碰撞软件计算结果约为 115 处，少部分为预处理区的碰撞，其余为负一层、负二层交接处冠梁、护臂桩的碰撞。

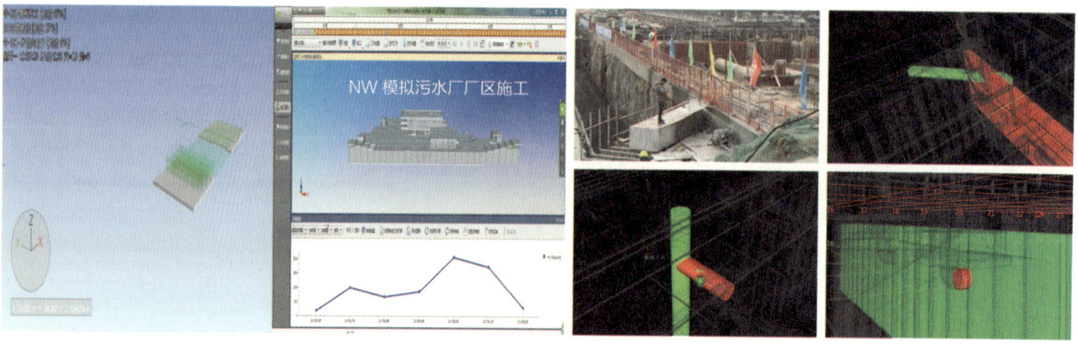

2.3.1.3 管线分析优化、模拟安装重点区域（膜设备间、膜池、脱水间）

污水厂项目工艺复杂，在工期压力巨大的前提下［2017 年 6 月 ~8 月完成工艺管道安装（3 个月工期），实现通水］，通过常规技术手段根本无法实现。项目成员对厂区所有管道进行分析优化，重点区域进行安装模拟，同时创新结合 VR 技术，虚拟化指导现场施工。

管线分析：30 份专业分析报告，332 个管线问题预先排除

重点区域安装演示

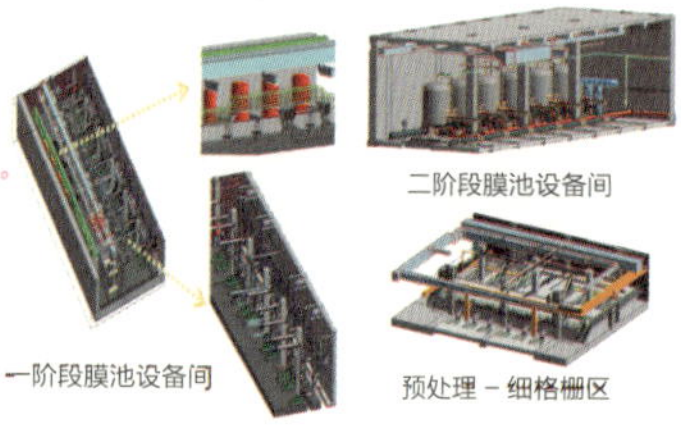

通道桥架优化分析

原方案：分散，较杂乱。新方案：通道处整齐统一，净高提高。

采光井分析

污水厂位于地下室，为节省能源，开启采光井进行日照辅助，项目成员进行采光验证分析（光照范围、时间、是否被管线遮挡），同时使用 VR 技术进行虚拟体验，以确定方案选型。

VR 模型交底横剖展示

2.3.1.4　室外基坑模型与土方量计算

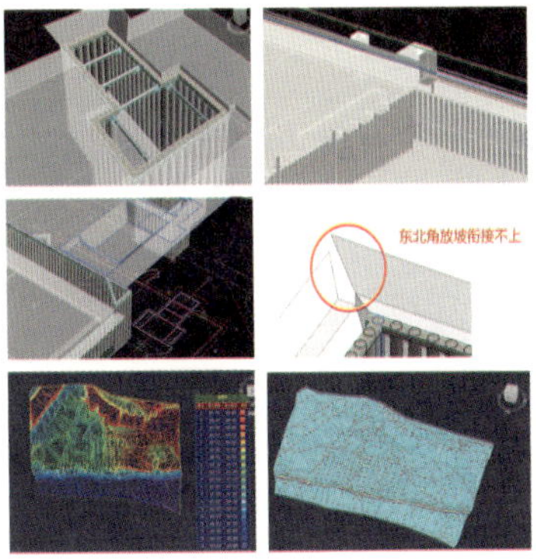

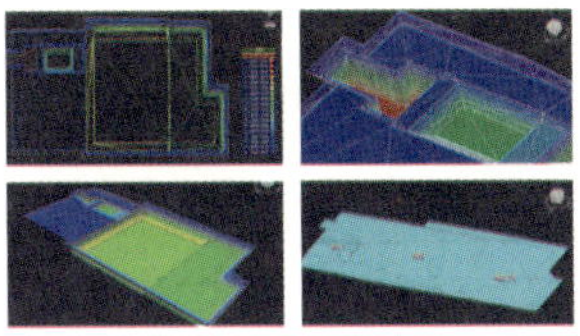

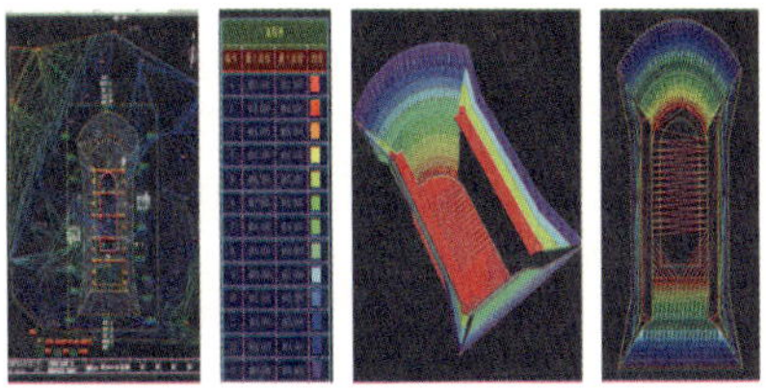

天府新区第一污水处理厂基坑挖方计算

基准模型	对照模型	挖方	填方	净值
原始地形曲面	污水厂基坑-左	32911.43	5.18	-32906.25
原始地形曲面	污水厂基坑-中	1891.00	27.79	-1863.21
原始地形曲面	污水厂基坑-右	181930.46	21.03	-181909.43
	合计	216732.88	54.00	-216678.88

节流溢流井基坑填方量计算

基准模型	对照模型	挖方	填方	净值
设计回填曲面 457	中曲面	0.00	3746.89	3746.89
设计回填曲面 457	右曲面	0.00	400.48	400.48
设计回填曲面 457	左曲面	0.00	400.89	400.89
	总和	0.00	4548.26	4548.26

天府新区第一污水处理厂基坑填方计算

基准模型	对照模型	挖方	填方	净值
污水厂表面	污水厂回填后表面	0.00	46856.23	46856.23
原始地形曲面	假设回填至465	2845.25	136319.16	133473.91
原始地形曲面	假设回填至467	162.66	177162.11	176999.45

节流溢流井基坑挖方量计算

基准模型	对照模型	挖方	填方	净值
原始地形曲面	左曲面	1133.24	0.00	-1133.24
原始地形曲面	中曲面	9725.87	0.00	-9725.87
原始地形曲面	右曲面	1261.81	0.00	-1261.81
	总和	12120.91	0.00	-12120.91

利用精准的原始地形搭建高精准基坑模型，进行施工预判与国际精准化土方计算，达到减少项目争议，提高 PPP 项目成本管控的目的。

项目所有成员的努力加上积极推动 BIM 工作，使项目仅用 10 个月就试水运行（对比同等规模项目提前 8 个月）。

2.3.1.5　运维期 BIM 与各平台对接融合趋势化

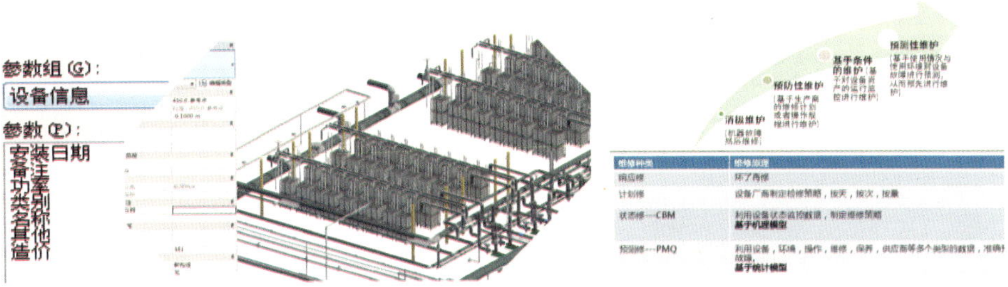

运维模型

项目中，BIM 模型从设计模型深化到施工模型、竣工模型，添加设备和其他指定信息后，形成运维基础模型。

IBM PMQ 运维系统

业主招标引入 IBM　PMQ（Predictive Maintenance and Quality，预测性维护系统）实施污水厂管控系统。利用设备、环境、操作、维修、保养、供应商等多个类型的数据，准确预测设备故障（基于统计模型）。

- 上下游干管管理
- 厂区人员定位系统
- 智能停车系统
- 视频安防
- 消防管理

2.3.2　鹿溪智谷（鹿溪河上下游）水治理工程

鹿溪智谷是成都市重点项目，上游工程全长 7.6 千米，设计红线面积 180.1 万平方米；下游工程全长 3.5 千米，设计红线面积 90.8 万平方米。内含景观绿化、水闸、河道整治、水生态专项等工程。市委市政府高度重视，该项目开创性地探索了景观 LIM（Landscape Information Modeling，景观信息模型），涉及设计、施工、运维三个阶段。

阶 段	内 容	亮点类型
设计前期	创新性地采用三维倾斜摄影技术构建项目上下游真实地形	创新型
设计、施工期	景观 BIM 工作“虚拟景观 + 真实地形”： （1）采用 BIM-AIW（autodesk infraworks）软件在真实的地形上进行方案建模、推敲（侧重于分析） （2）采用 Lumion 软件在真实的地形上进行方案建模、演示（侧重于效果）	创新型、深入型 深入型
运维期	拟采用 Supermap GIS 软件整合三维倾斜摄影地形模型，进行 GIS 与景观 BIM 模型的整合，探索景观运维方面的运用	创新型

2.3.2.1 使用三维倾斜摄影技术构建真实项目地形

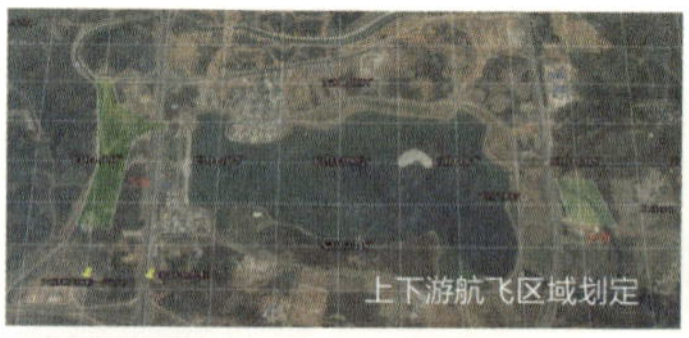

亮点分析：利用三维倾斜摄影生成的真实地形，可开展基于现实场地的所有运用，如辅助设计、施工土方分析、场地布置、拆迁管理等，而且与常规测绘图相比，真实的三维场地模型大大提高了易用性、准确性，更具参考性。

2.3.2.2 细部展示

三维倾斜摄影模型的本质是三角网面 + 贴图。

2.3.2.3　上下游模型

2.3.2.4　景观 LIM

运维期将三维倾斜摄影地形 + 景观 LIM 模型导入 GIS 平台（初步拟定为 Supermap），进行 GIS+ 景观 BIM 模型的整合，添加地理空间上的各类信息，探索景观运维方面的运用。

真实场景辅助方案推敲

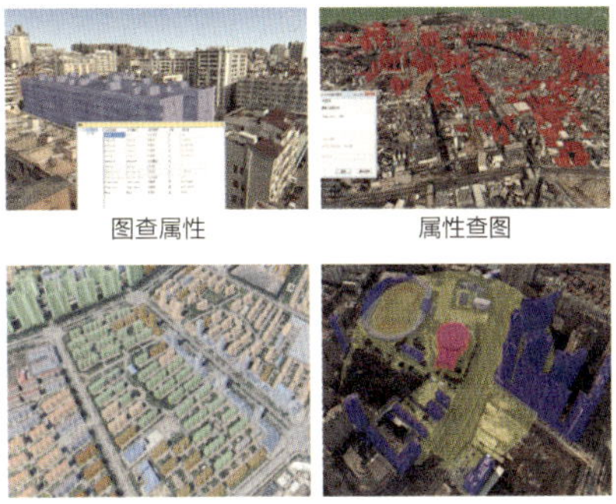

图查属性　属性查图

专题图制作　缓冲区分析

2.3.3　天府新区综合管廊与市政道路

天府新区综合管廊位于成都市天府新区核心区，涉及兴隆、正兴、华阳、秦皇寺等片区，管廊长度约 8 千米。项目一期工程建设费用为 13.44 亿元，工程主要内容包括道路及管廊工程、桥涵、给排水及交安设施、电力通信管道、绿化景观、管线迁改等配套工程。

2.3.3.1 设计方案

进行管廊断面优化，充分挖掘并运用 BIM 参数化设计理念，实时对每种方案所涉及的入廊管线所需配套相应的工程措施和非工程措施的经济性进行理性评估。

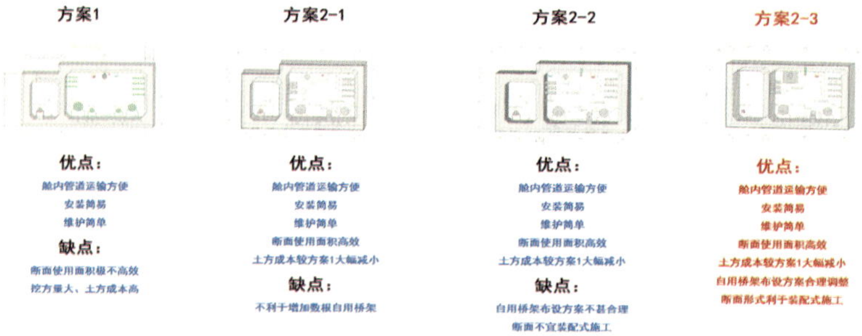

天府新区核心区建设目前处于起步阶段，区域内河流、湖泊较多，地形起伏较大，远期规划路网密集，兼有 6 条地铁线路穿越其间，地上地形复杂、地下空间紧张是该区域设计面临的难题。设计人员基于 BIM，对断面、标高及周边其他规划条件进行详细解读，打造设计精品。

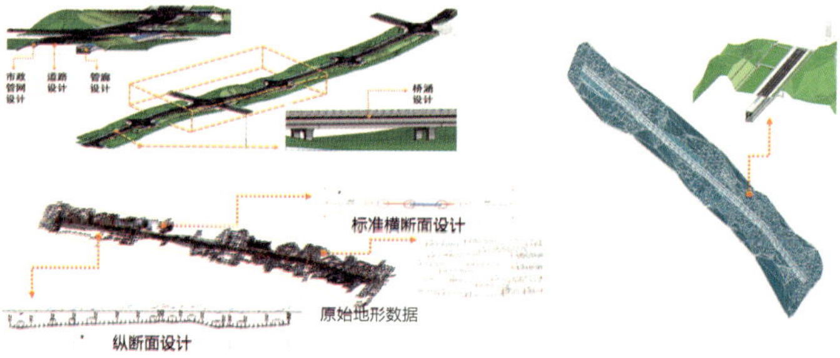

通过原始地形坐标点生成原始地形，根据建设方需求及相应规范在地形模型上进行三维设计。

该工程每条道路、市政管网的设计内容直接受入廊管线种类、管线规模、舱室分隔、施工方法、地形地貌等因素影响，对道路设计涉及地下空间内的管廊、市政管线、既有管线、道路、河流、桥梁等错综复杂关系，完全把控较难，因此该项目设计阶段就利用 BIM 技术辅助设计，各专业高效协同，高质量完成设计成果。

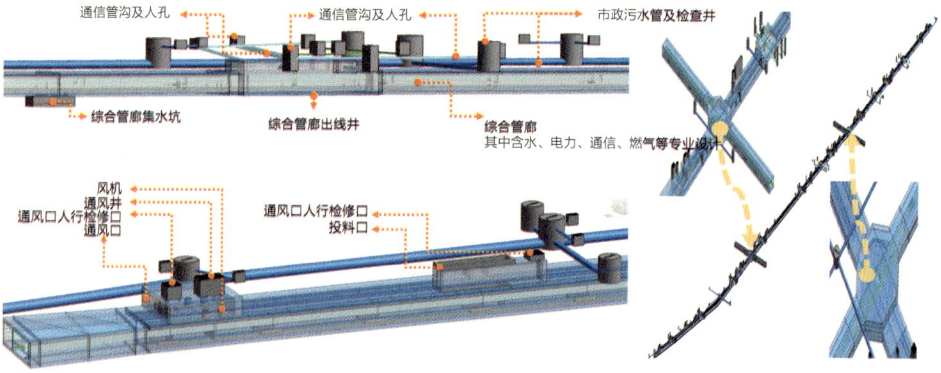

综合管廊交叉口设计

2.3.3.2 设计方案优化

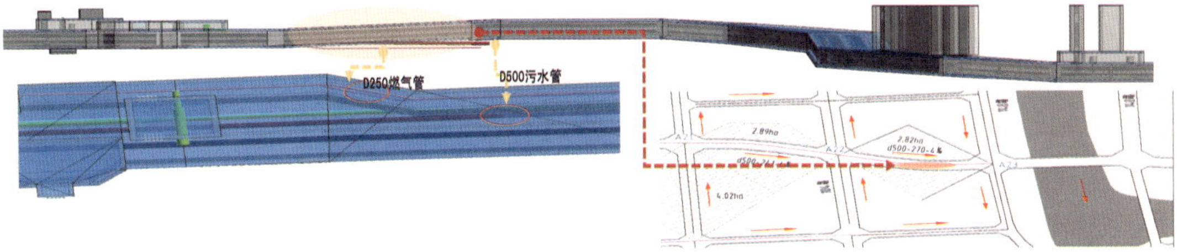

原方案：污水管（DN500）穿底板出廊，管廊施工工序、管廊防水、后期检修维护等面临较大问题。

优化方案：燃气管与污水管均穿管廊侧墙出廊污水管（D500），出廊接 148 路检查井。

施工信息化 BIM 协同管理

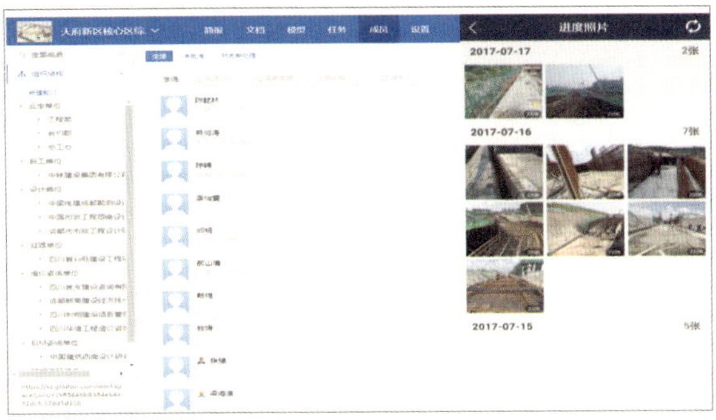

在平台中纳入项目管理流程，使参建各方工作固化

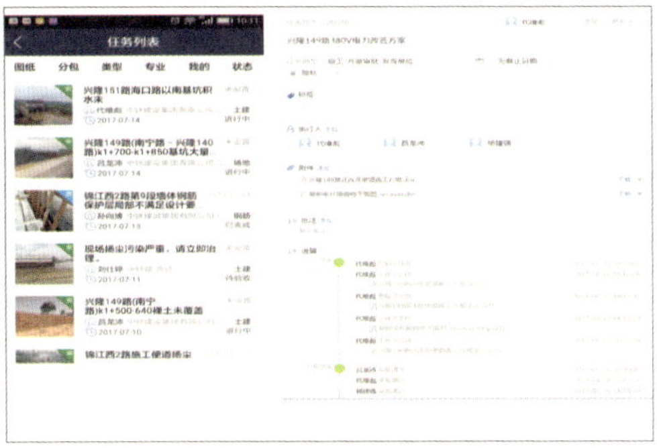

在平台上进行项目质量安全文档管理

2.3.3.3 施工管廊边坡计量及安全管理

在道路项目中，道路完成后的边坡绿化、边坡防护中针对边坡的计量，建设单位与施工单位争议颇多。由于边坡是动态变化的且面积不规则，较难测量，因此该项目针对已完成道路部分的边坡防护绿化量进行无人机测绘建模后，利用模型提取边坡计量数据，解决现场计量争议。

道路名称	填方量	挖方量	单位	填挖差值
正兴37路	90274.8	137076	m³	-46801.2
秦皇寺58路	672458.1	19493	m³	652965.1
锦江西2路	246097.6	90139.7	m³	155957.9
兴隆151路	216467.3	241339.7	m³	-24872.4
兴隆149路	30496.6	19825.8	m³	10670.8
总计				747920.2

各条道路地形复测建模后，进行挖填方量计算

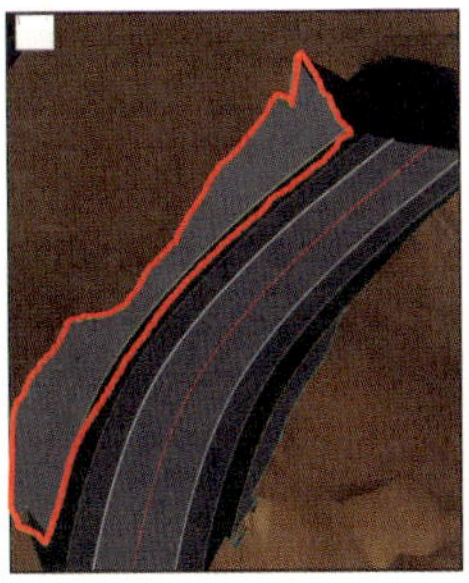

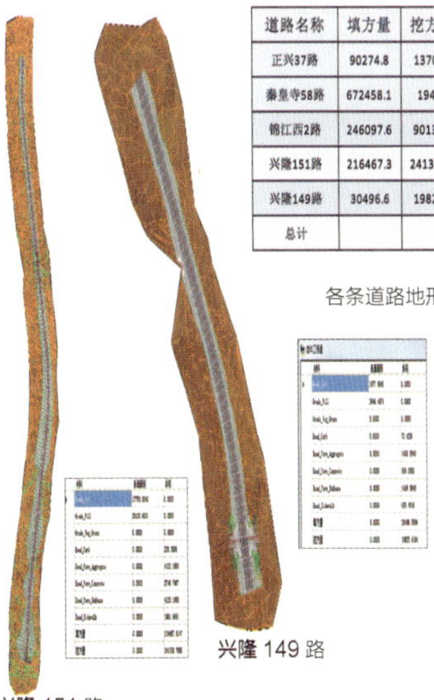

结论：项目实施过程中，三条道路同时进行施工，鉴于新建正兴 37 路离锦江西 2 路较近，正兴 37 路多余土方 4.6 万方可以填补到锦江西 2 路道路中，调整进度计划，争取土方挖方量较大的其他道路提前开工，多余土方填补秦皇寺 58 路土方缺口。此外，应提前就近外购土方，满足锦江西 2 路和秦皇寺 58 路的土方填筑需求。

2.3.3.4 施工指导

该项目锦江西 2 路采用全预制管廊，管廊断面为两舱式，分为综合舱和燃气舱，平均埋深 5.0m，预制标准段管廊截面为 6.75m×3.8m×1.5m，纵向设置 1% 坡度，总质量为 30t，采用预应力张拉方式进行拼接，配合构件厂进行项目构件深化，对管廊预制段预应力张拉拼接方式进行详细深化，并使用具体的拼接模型，指导现场管廊实际拼接操作。

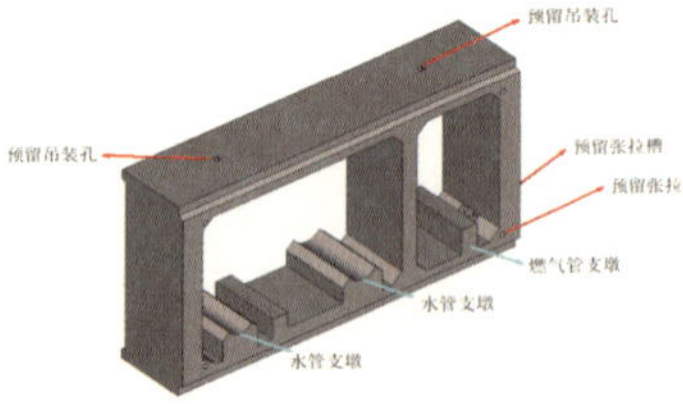

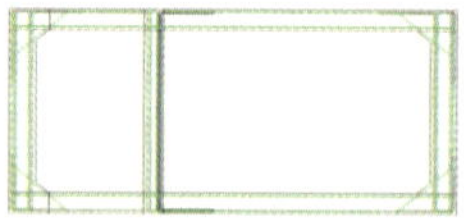

正视图

管廊纵向坡度 1%

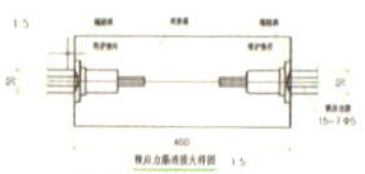

张拉拼装大样

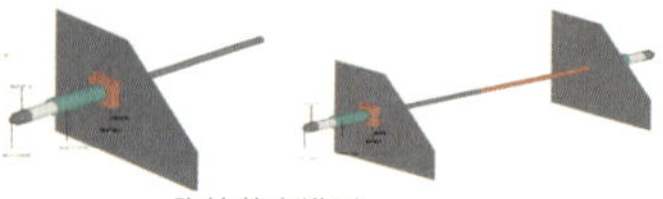

张拉节点模型

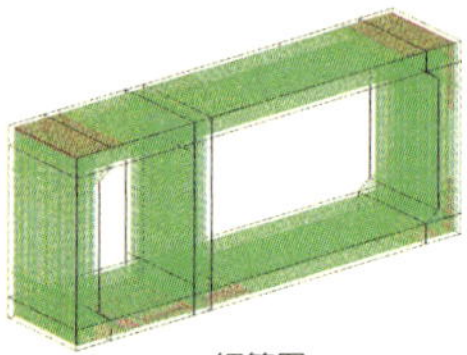

钢筋图

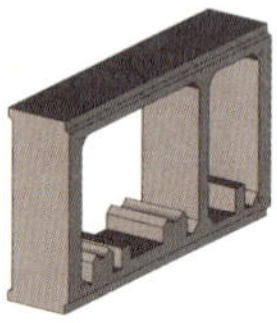

模板图

预制管廊段钢筋材料表

编号	1,4	2,3	5,10	6,8,9	7	11	12	13	13a	14	15	16	16a	16b	17	18
等级	三级	三级	三级	三级	三级	三级	三级	三级	三级	一级	一级	三级	三级	三级	三级	一级
直径/mm	25	22	22	16	16	16	12	12	12	8	8	12	12	12	10	20
下料长/mm	8525	7145	5195	4220	4220	655	1190	1245	1195	510	420	2065	2030	1651	3390	1400
根数	28	28	28	42	14	280	56	28	28	170	30	104	120	32	18	2
重量/kg	920.49	597.44	434.38	279.95	93.32	289.68	59.21	30.97	29.73	34.24	4.98	190.81	216.43	46.94	37.65	6.91
备注	顶/底板骨架	顶/底板骨架	侧墙骨架	侧/中墙骨架	中墙骨架	顶/底板斜腋	四腋倒角	中墙大仓倒角	中墙小仓倒角	四腋拉筋	中墙拉筋	四腋内侧	四腋外侧	四腋外侧	中墙	吊钩/每6节设一个
小计/kg	920.49	1031.82		662.96			119.91			39.21		454.18			37.65	6.91
合计/kg	3273.13															

2.3.3.5 运维、信息化管理探索、智慧管廊管理平台

对综合管廊 BIM 与全方位运维管理结合的需求如下：

（1）完成数据采集监控与报警系统硬件建设；

（2）将二维 / 三维地理信息、设备运行信息、环境信息、安全防范信息、视频图像、通信系统、火灾自动报警系统、预警报警信号、巡检信息、现场运维作业管理、数据统计分析、三维 WEB 信息发布等内容进行融合；

（3）统一 BIM+GIS 三维可视化平台集中展现，实现综合管廊的一体化立体监控和调度。

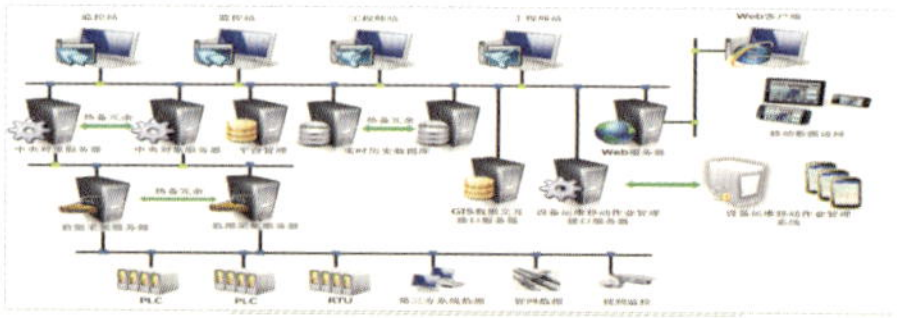

软件系统架构示意图

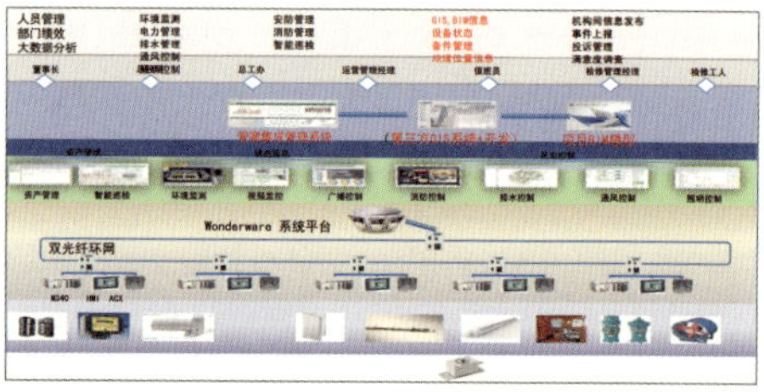

管廊综合监控平台系统——系统架构图

解决方案

- **电力监控**
  - 对整个管廊的电力进行监控，确保用电的正常与安全
- **报警系统**
  - 对管廊内发生的报警进行管理，及时响应与处理
  - 当发生报警时，可以调取其他系统界面与外部系统进行通信
- **安防系统**
  - 通过视频对各个出入口及重点区域进行实时监视，避免不安全事件的发生

解决方案

- **综合监控及态势感知**
  - 可以从各分区的监控画面直观地看到管廊的状态
  - 可以对风机、水泵等主要设备进行状态的监视与控制
- **GIS地图+BIM数据**
  - 基于GIS（3D）的管廊位置信息及基于BIM的信息展示
- **环境检测系统**
  - 对各分区内的仓内环境进行检测，当气体含量超标时报警
- **照明系统**
  - 对整个管廊内部的照明设施进行控制

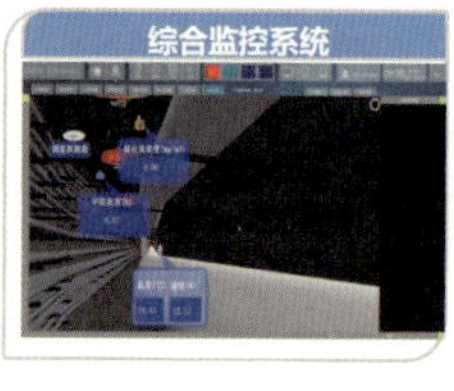

平台基本功能：

（1）将硬件设备监测到的信息数据和模型中对应的硬件进行关联，实现可在模型上查看实时设备状态数据；

（2）实现模型内构件属性及 GIS 相关信息查看功能；

（3）对硬件设备的实测数据和运行状态进行存储，生成工作日志；

（4）保存记录设备更新及维护的相关信息；

（5）监控界面与模型进行实时切换定位。

2.4 项目群 BIM 应用总结

关键词：VR 虚拟现实

污水厂采用 VR 技术，一是全虚拟化，更利于方案推敲；二是较常规的 CAD 图纸，BIM 管线综合分析更为直观，更利于不同层次的分包方理解项目，交叉施工，避免返工。

关键词：三维倾斜摄影

三维倾斜摄影技术（无人机航拍）实测了鹿溪河上下游的现状模型，精度可达 1~2cm，实景地形 + 虚拟树木有利于景观方案推敲，同时也可拓展基于真实地形的一切运用，比如计算土方、施工现场布置、路线布置等。

在综合管廊项目中通过无人机测绘快速获得道路边坡及深基坑位移变化数据，比传统进行人工监测更为安全可靠，完成了边坡计量及边坡动态监测，革新了行业对于边坡计量工作及边坡安全管理工作的模式。

关键词：平台

关键词：协同

关键词：运维

BIM 模型与运维平台对接的趋势越来越明显。随着 BIM 理念和实践的不断发展，与原有或新兴各类管控、运维平台的对接将越来越多。该项目群中，污水厂运维拟将对接 IBM、PMQ 运维系统，鹿溪河拟将倾斜摄影模型对接 Supermap GIS 平台，管廊拟将对接智慧管廊系统。这是信息化时代的必然趋势，信息的延伸拓展运用势不可挡，其中也蕴藏着无限的商机。

关键词：BIM 总控

成都天府新区通过引入 BIM 总控，实现了项目各阶段对 BIM 的实施进行统筹、协调、管理；对项目各参与方进行有效监督并按照各项目实施方案贯彻实施；有效地协助了规建局对工程项目 BIM 成果进行信息化归档；充分挖掘 BIM 技术在工程中的使用价值，保证工程质量、进度及效益；为各参与方提供 BIM 支持；对新区后续项目提供 BIM 技术贯彻实施条件起到了示范效应。

关键词：标准

《成都天府新区直管区 BIM 应用管理规定》（目前已通过专家评审，进入修订阶段）旨在采用建立在三维模型基础上的建筑多维信息模型和信息共享，减少建筑项目信息的流失，为建筑工程的相关人员提供交流沟通平台，提高项目综合管理水平，达到降本增效的目标。

3. 成都天府国际机场航站区土建二标段 BIM 应用总结

3.1 项目概况

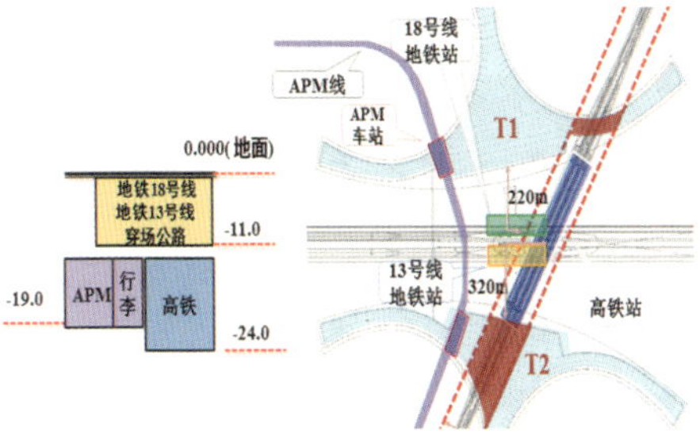

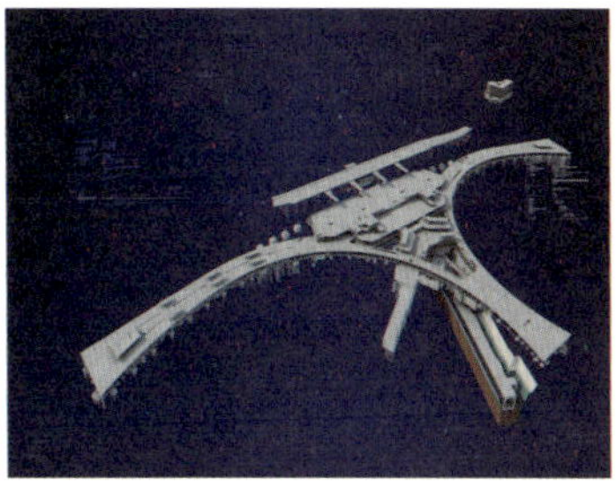

成都天府国际机场项目作为大型交通枢纽，涵盖大铁、地铁、出租车、私家车、长途大巴等多种交通方式，并通过国内独有的智能小车系统接驳远距离停车场。由中国华西企业股份有限公司总承包施工的二标段工程，总建筑面积 30.96 万平方米，合同总造价 21.5 亿元，建设内容有 T2 航站楼、APMS（Automated People Mover Systems，旅客自动捷运系统）、大铁工程、T2 航站楼前高架桥和运行指挥大楼。

3.2 BIM 组织架构及软件配置

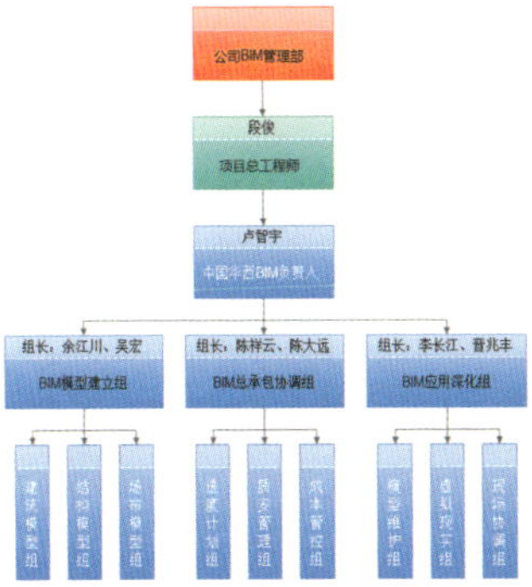

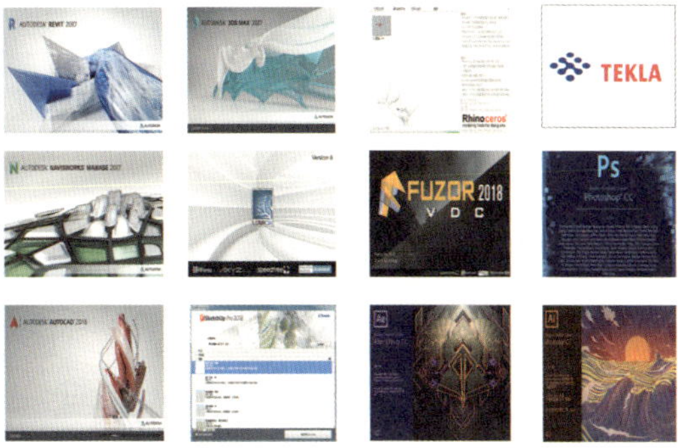

3.3 BIM 应用

3.3.1 模型管理

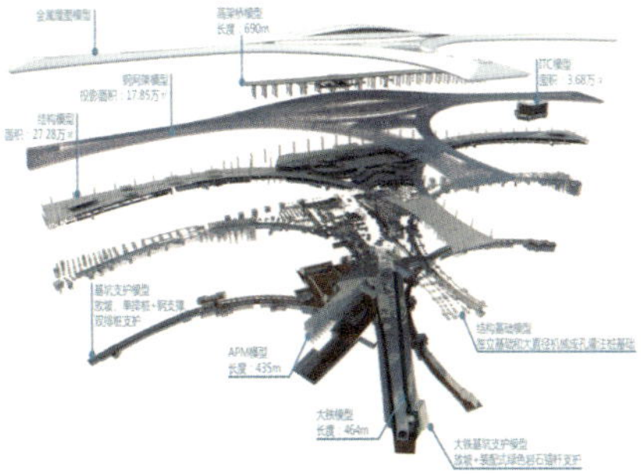

T2航站楼爆炸图

3.3.2 深化设计

（1）由于自动扶梯有净高要求，对梁进行了上翻处理，但是上翻以后的梁突出了建筑完成面层，导致上部走道受到了上翻梁的影响。

（2）建筑在坡道休息平台处设置了防火门及防火卷帘，但是该处结构节点有加腋布置，加腋高度 500mm，导致结构完成以后无法布置防火门及防火卷帘。

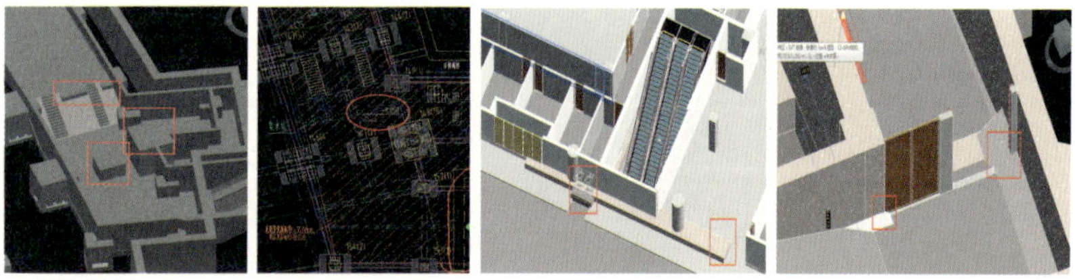

3.3.3 施工方案模拟

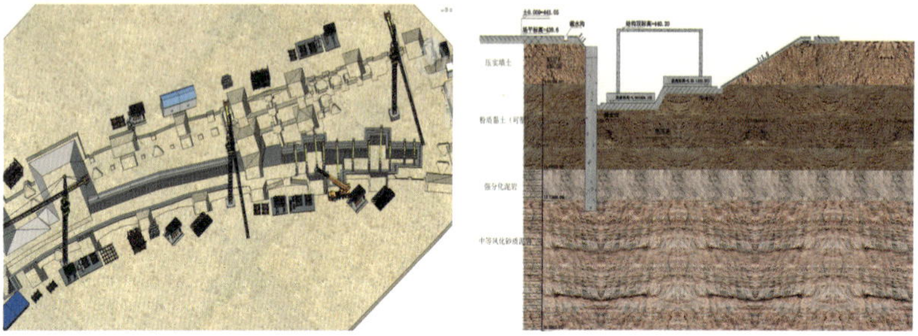

3.3.4 照明分析及立面优化

施工照明分析

转角立面优化

3.3.5 复杂节点三维可视化交底

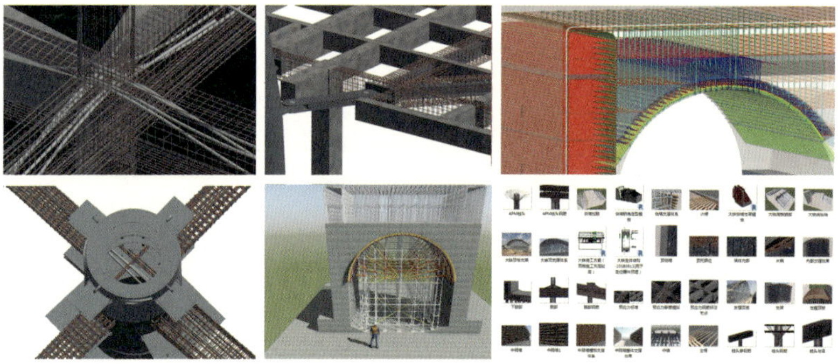

3.3.6 施工方案和流程交底

施工方案交底

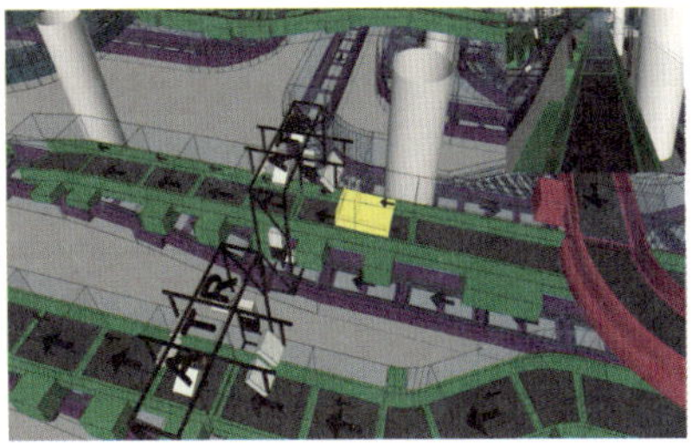

行李系统流程交底

3.3.7 拱板钢筋分析及现浇叠合施工

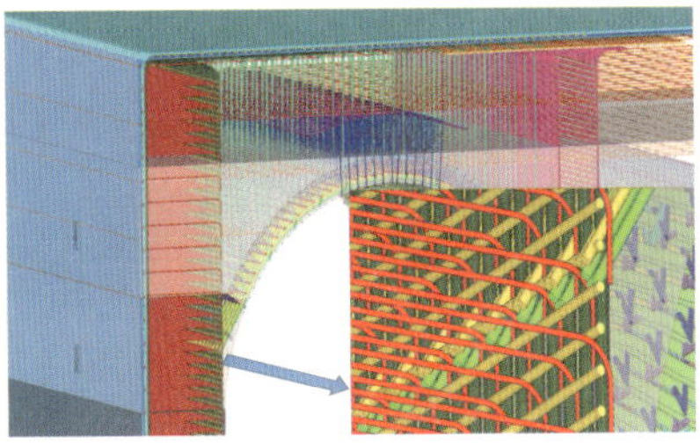

3.3.8 轻量化模型与质量管控

3.3.9 虚拟样板引路

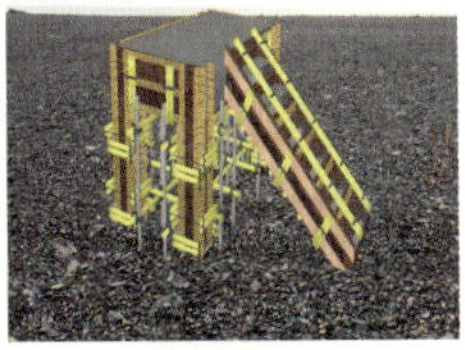

3.3.10 模型全景浏览

3.3.11 提取工程量

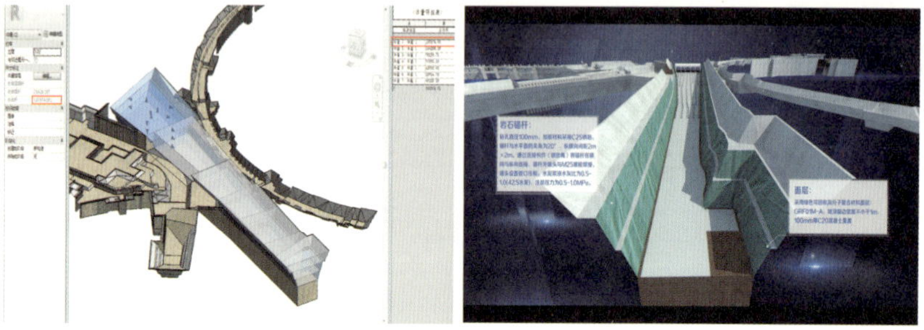

3.3.12 拱板支撑立杆分析

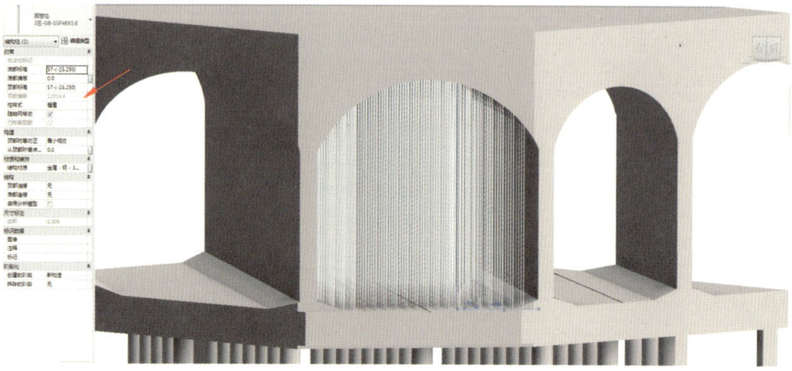

3.3.13 施工现场布置

3.3.14　自动反馈 BIM 信息

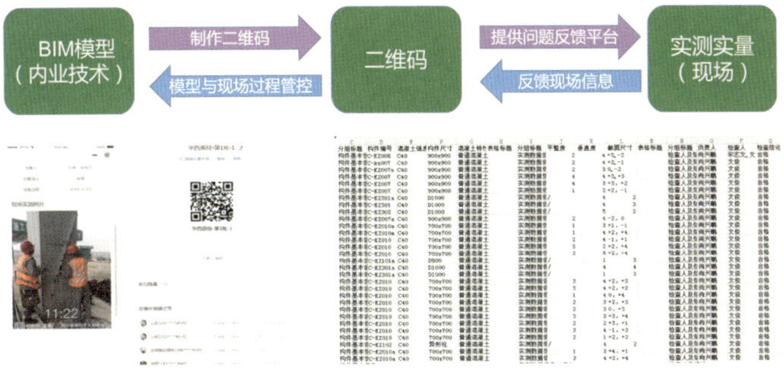

3.3.15　VR 技术交底

3.3.16　无人机航测高差及土方量分析

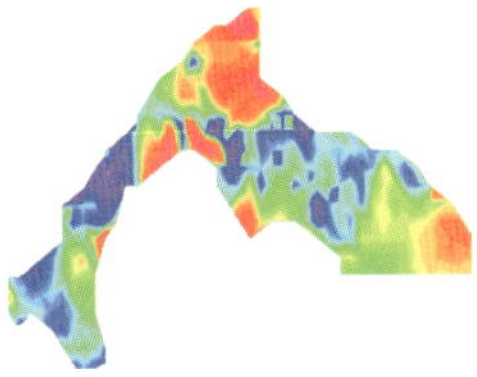

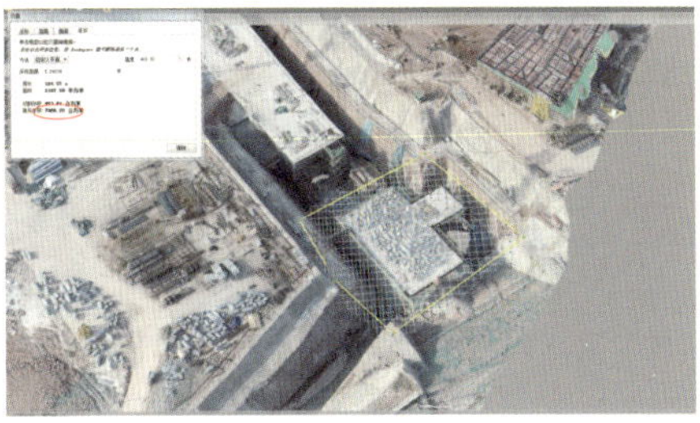

3.4　BIM+ 的应用探索及展望

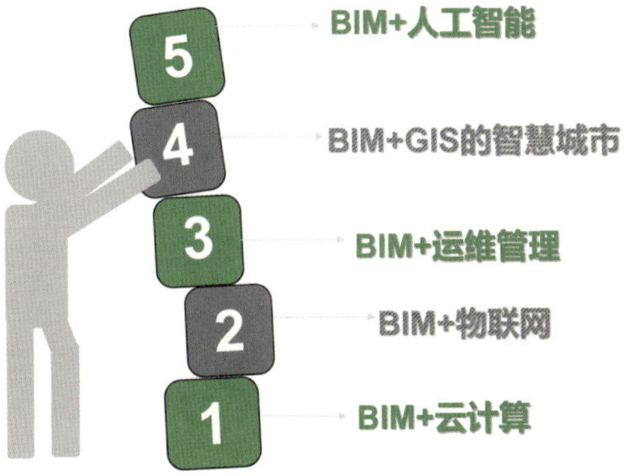

4. 基于 BIM 技术的民航机场项目高速建设管理

4.1 项目概况

如图为项目的设计效果图。

4.2 BIM 组织架构及软硬件配置

项目 BIM 人员架构

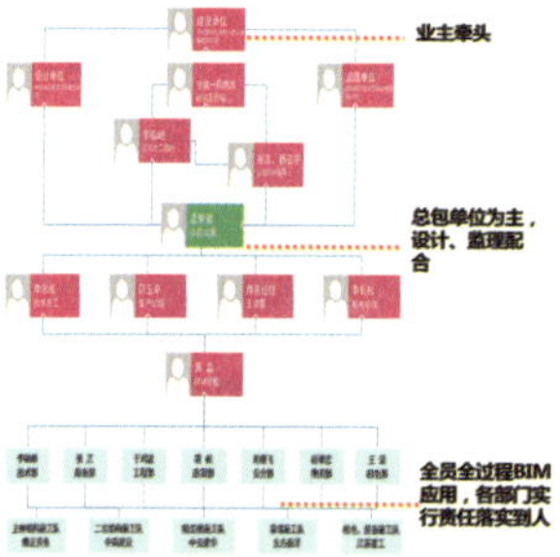

4.3 BIM 实施策划

模型审查制度

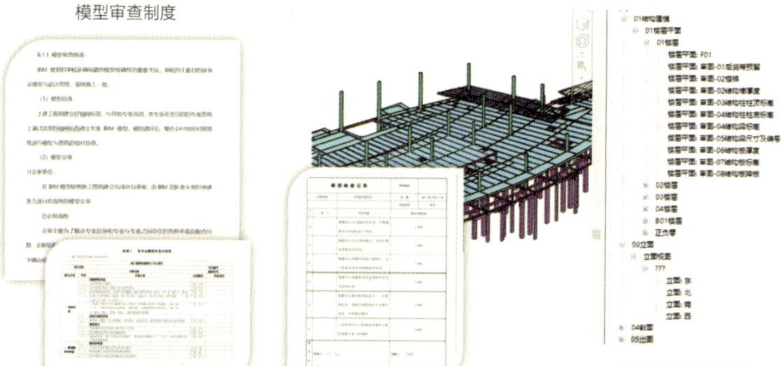

制定模型审查制度　生成模型审查记录表　模型审查样板文件

编制模型审查样板文件，通过过滤器及明细表功能对模型进行审查。

4.4 重难点分析及解决方案

重难点分析

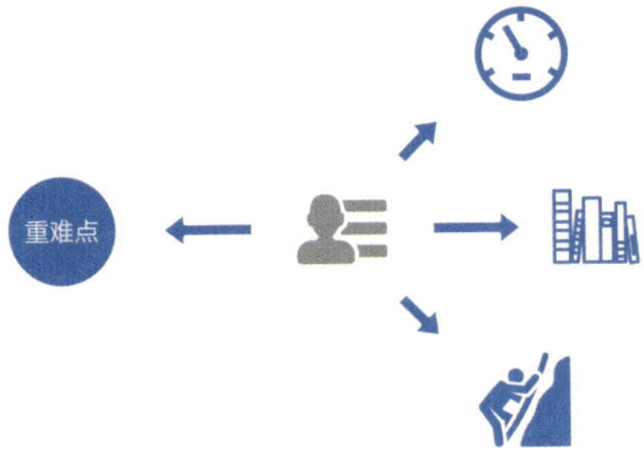

工期紧

政府压缩一半施工工期，须保证新机场按时投入使用，无延期可能

专业多

机场项目涉及专业复杂且众多，需深化设计内容较多，机电与民航设施设备交叉作业多

难度大

网架设计跨度大，周边施工环境狭窄，吊装难度大

重难点一：工期紧

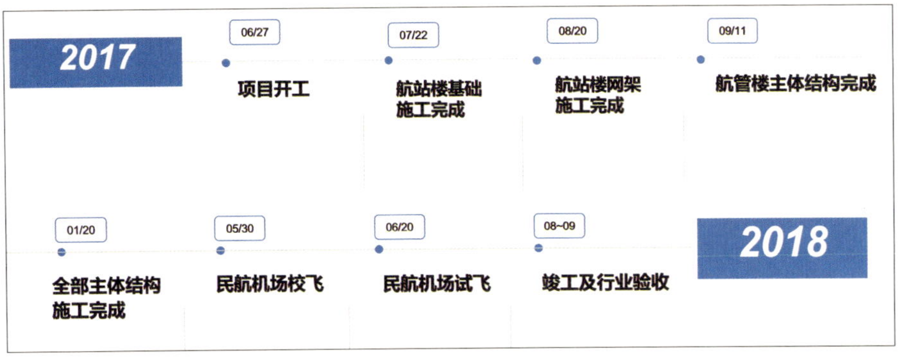

重难点一解决方案

明确深化设计时间节点及责任人。

序号	深化设计内容	计划开始时间	计划完成时间	完成审核时间	专业分包审核人	项目审核人	设计院审核人
1	暖通专业深化设计	2017.8.10	2017.9.20	2017.9.30	专业分包技术负责人	李长松	王俊峰
2	电气专业深化设计	2017.8.10	2017.9.20	2017.9.30	专业分包技术负责人	李长松	王俊峰
3	自动喷淋专业深化设计	2017.8.10	2017.9.20	2017.9.30	专业分包技术负责人	李长松	王俊峰
4	消火栓深化设计	2017.8.10	2017.9.20	2017.9.30	专业分包技术负责人	李长松	王俊峰
5	主体结构深化设计	2017.6.1	2017.7.1	2017.7.30	专业分包技术负责人	孟繁健	刘满怀
6	二次结构深化设计	2017.8.10	2017.9.10	2017.9.30	专业分包技术负责人	孙　超	刘满怀
7	钢结构网架深化设计	2017.7.1	2017.7.30	2017.8.15	专业分包技术负责人	孟繁健	刘满怀
8	幕墙深化设计	2017.11.1	2017.11.30	2017.12.15	专业分包技术负责人	孟繁健	马　跃
9	电梯及扶梯工程深化设计	2017.6.1	2017.6.30	2017.7.15	专业分包技术负责人	孙　超	李　哲
10	室内精装修施工放样图	2018.1.15	2018.2.15	2018.2.30	专业分包技术负责人	孟繁健	朱　轩
11	室外园林绿化及夜景照明深化设计	2018.3.10	2018.3.25	2018.4.10	专业分包技术负责人	孙　超	刘兴国
12	大型弱电机房深化设计	2018.9.30	2018.10.30	2018.11.15	专业分包技术负责人	李长松	王俊峰

重难点二

航站楼机电工程专业多，深化设计全面，周期较短。

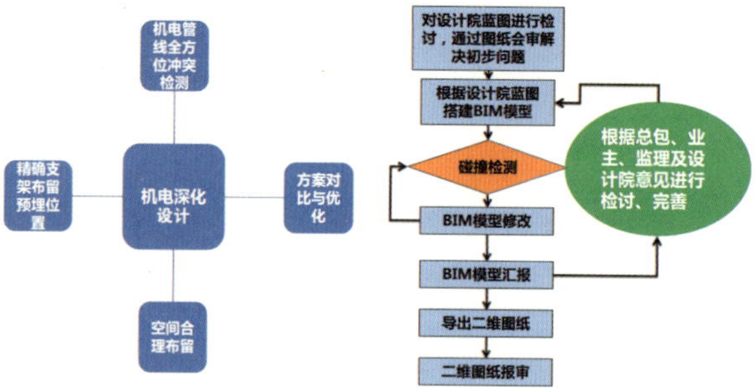

重难点二解决方案

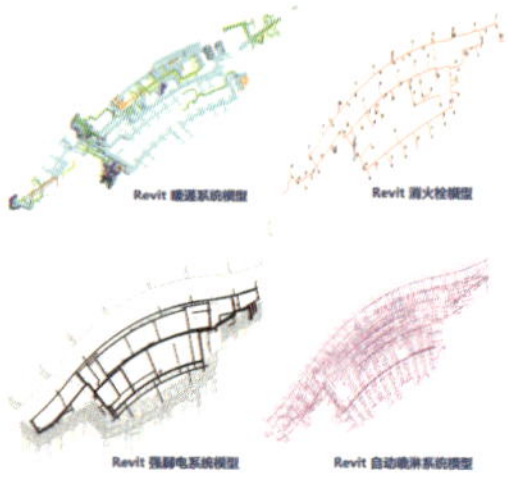

完成各专业深化设计

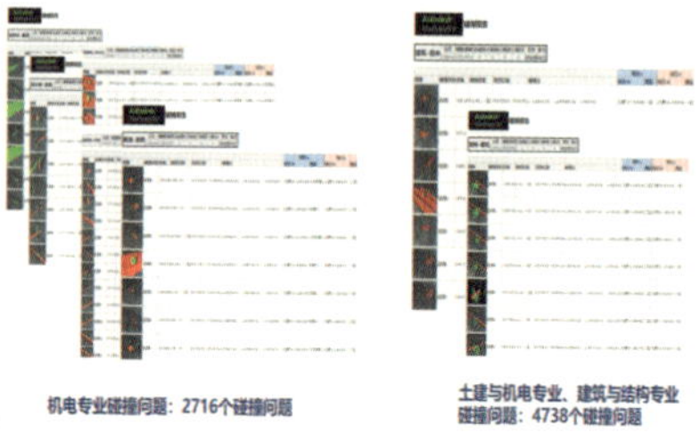

碰撞检查，出具问题报告书

管线综合优化

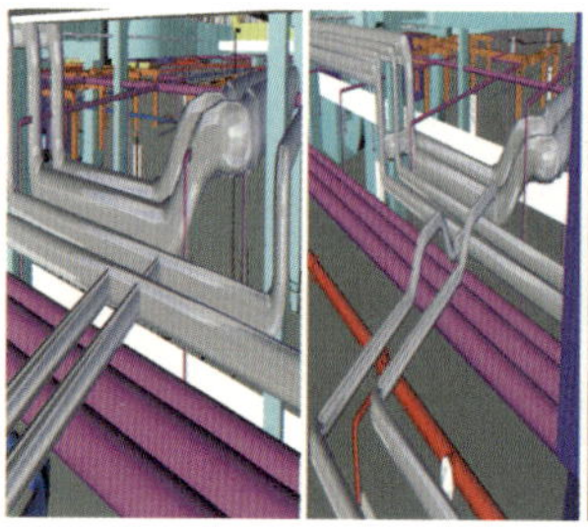

模型深化前　　模型深化后

管线净高分析

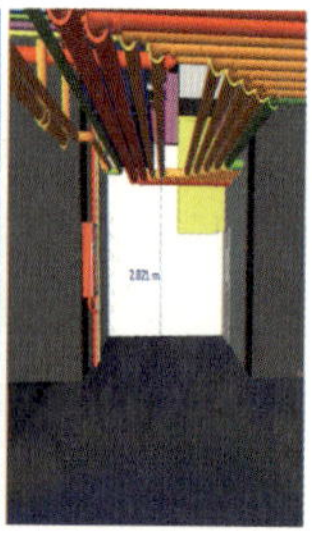

蓝色区域高度校核合格
限高 2700cm

出具深化设计图纸

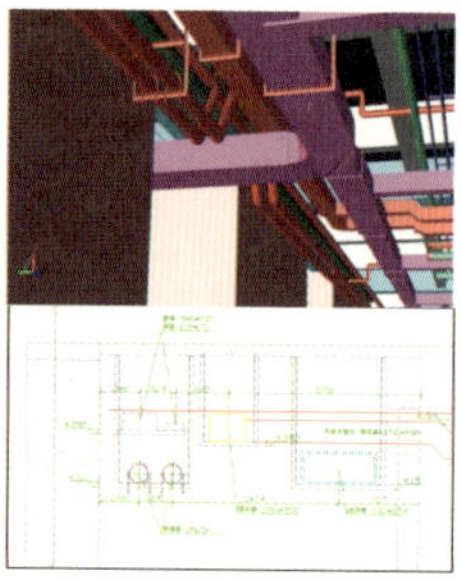

机电深化设计配合土建预留预埋，避免开凿和后期封堵，节省工期。

生成构造柱、圈梁，洞口深化设计

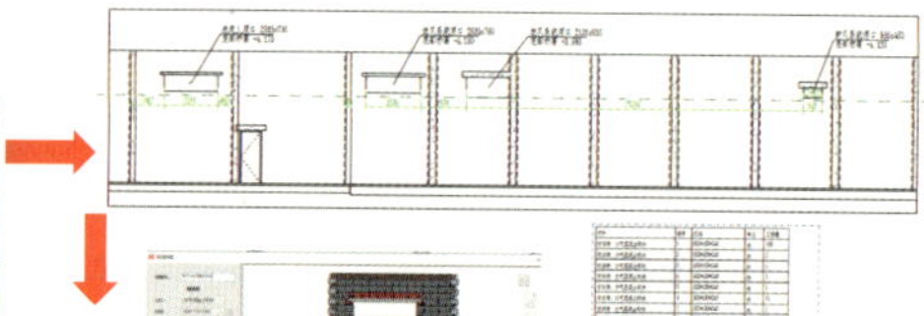

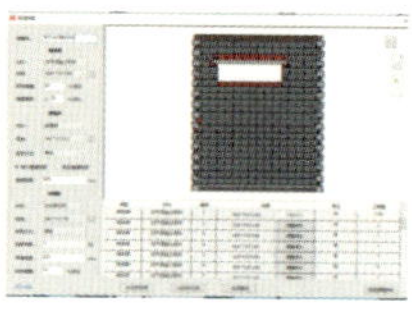

砌体排布

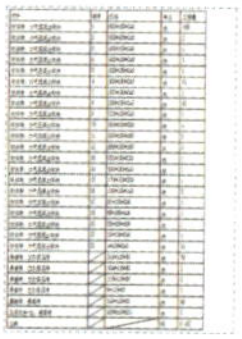

生成下料单

重难点三

最大长度 295 米，最大宽度 80 米，网架吊装难度大。

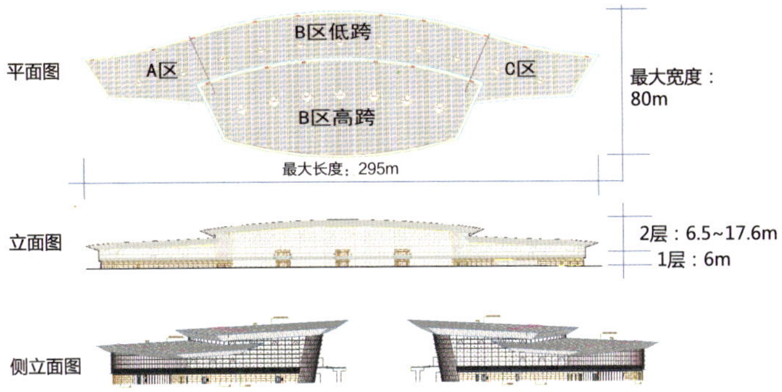

重难点三解决方案

采用网架深化设计 + 施工工艺模拟。

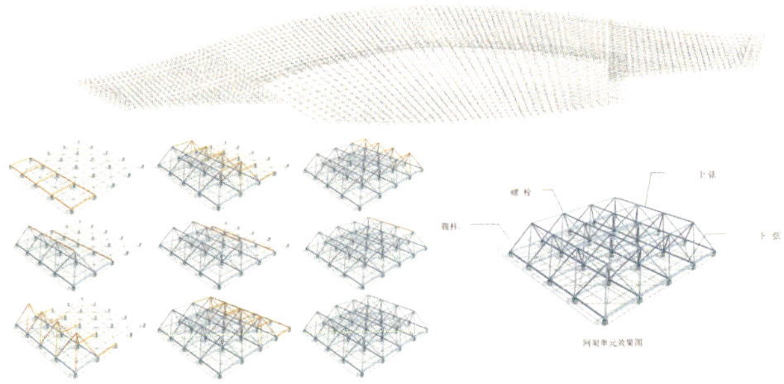

网架拼装流程图

4.5 应用成果

4.5.1 前期准备

编制 BIM 实施策划书，指导 BIM 落地实施。

BIM 实施策划书

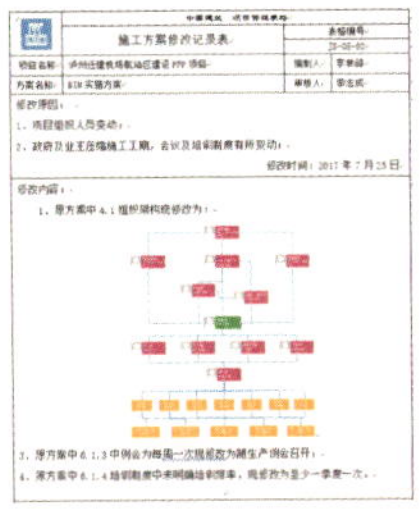

策划的动态管理

建模标准制定

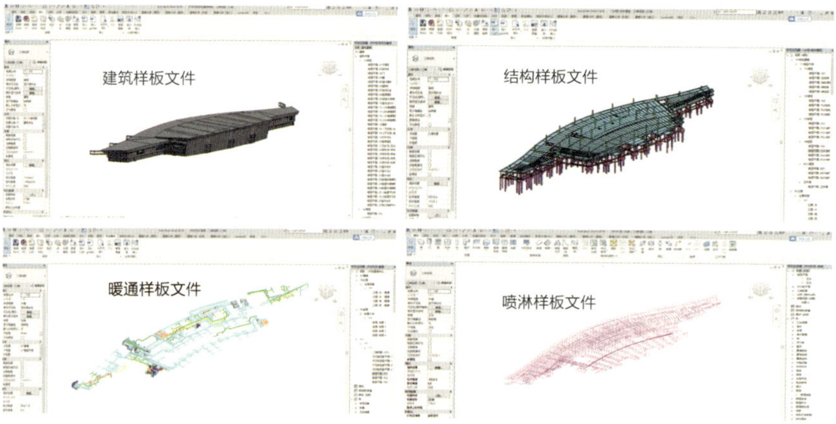

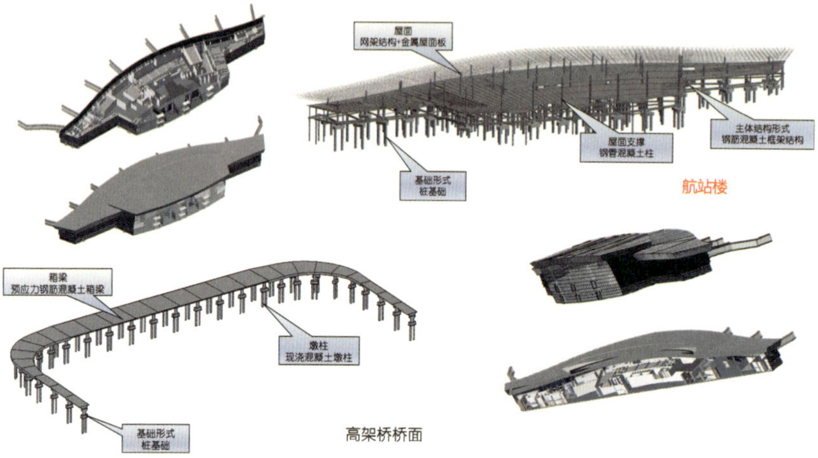

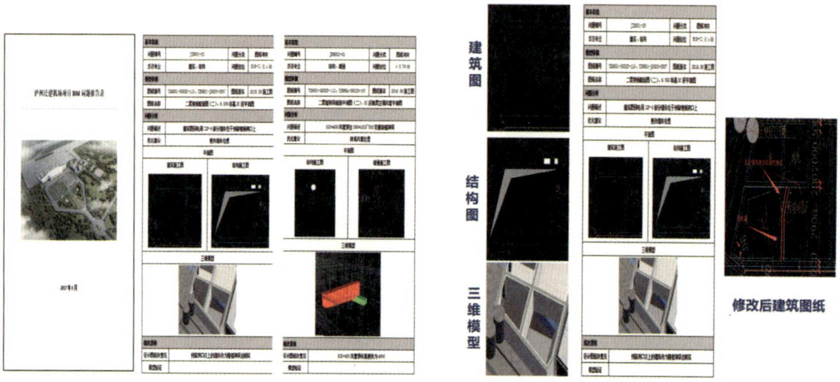

BIM 设计文件问题报告表　土建专业问题　机电专业问题　图纸会审报告

辅助图纸会审共查出问题 1393 项，土建 255 项，机电 1138 项。

4.5.2 技术管理

传统网架支座

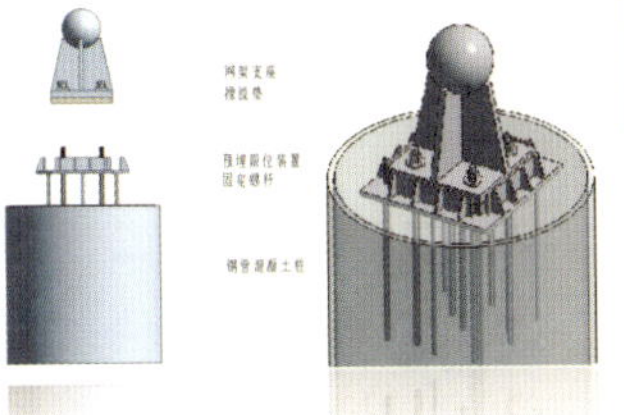

工艺：浇筑混凝土时将限位装置、螺杆预埋，预埋后支座只能通过螺杆固定。
缺点：不能调节支座位置，需反复调节网架杆件与节点以匹配支座，施工难度大，周期长。

方案比选后择优使用

增设过渡板网架支座

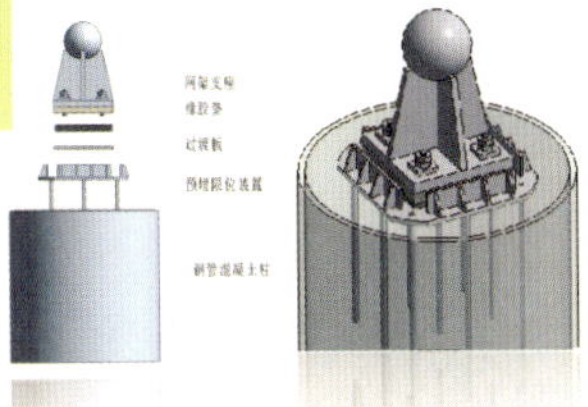

工艺：将过渡板与支座固定，代替预埋螺杆，施工时可便捷调节支座位置，确定位置后将过渡板与预埋件满焊。
优点：调节支座位置方便，更容易匹配，施工快速。

满堂架支撑体系安装网架

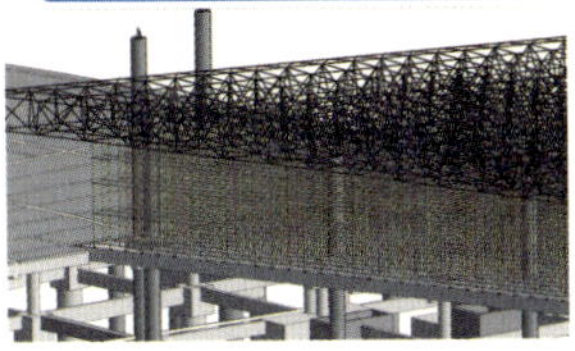

工艺：网架施工前，在二层楼板上搭设满堂架体，作为工人高空拼装的工作平台。
缺点：场地占比大；满堂架体搭设时间长，对工期影响极大；架体成本高，经济性低。

方案比选后择优使用

可周转临时简易支撑安装网架

工艺：在二层楼板上预先拼装起步单元，吊装至支座上，工人在网架上高空散拼，悬挑超过12m设置临时支撑。
优点：不占用场地，施工快速，临时支撑可周转使用，降低成本。

螺栓球网架安装施工工艺模拟

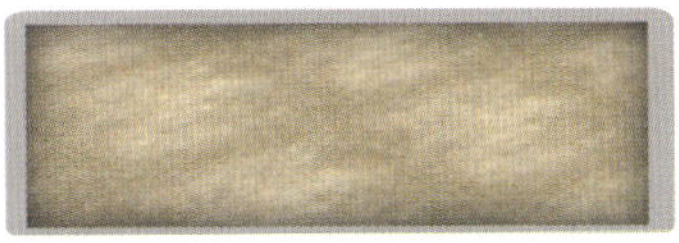

机械旋挖桩基础施工工艺模拟

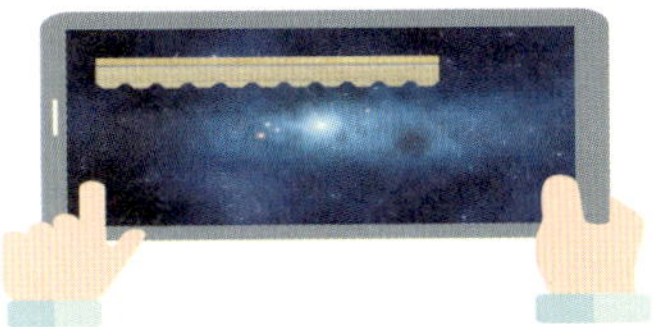

铝镁锰金属屋面施工工艺模拟

玻璃幕墙施工工艺模拟

全景图 + 二维码技术辅助可视化交底

高架桥模板工程专家论证技术交底

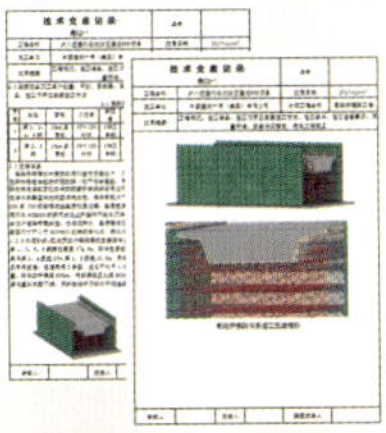

技术交底文件　全景图

网架吊装技术交底

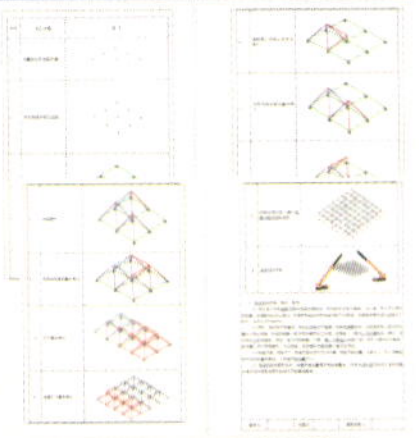

技术交底文件　施工工艺

自密实混凝土施工技术交底

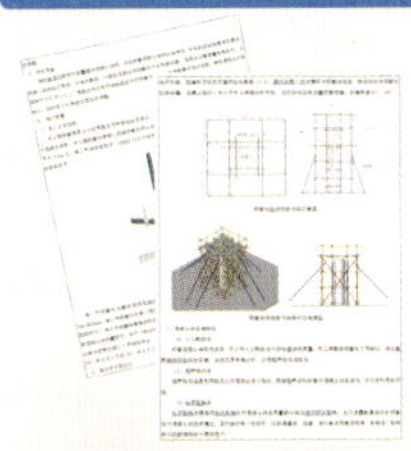

技术交底文件　全景图

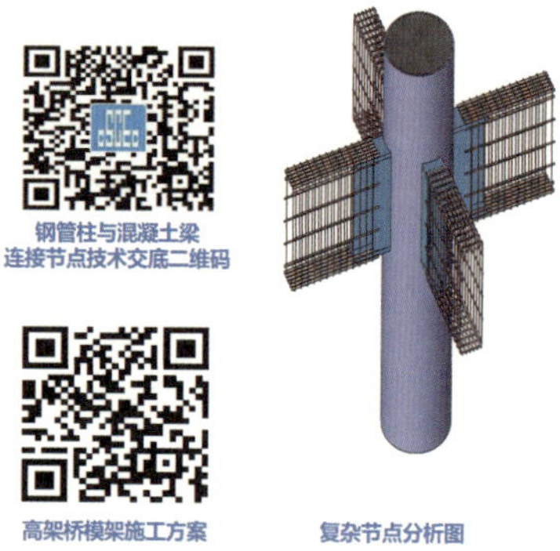

复杂节点分析

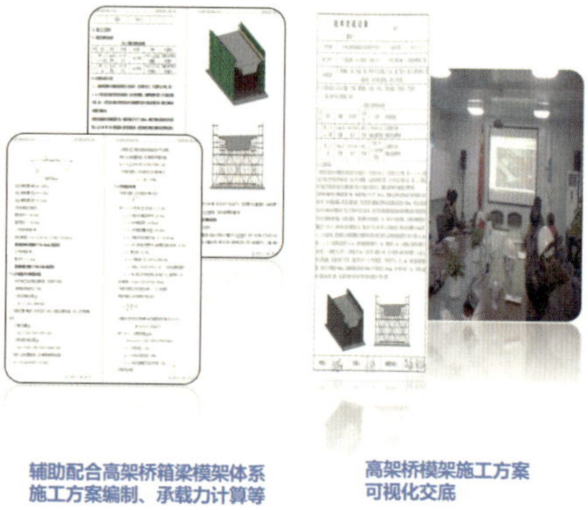

模架体系深化以辅助施工方案编制

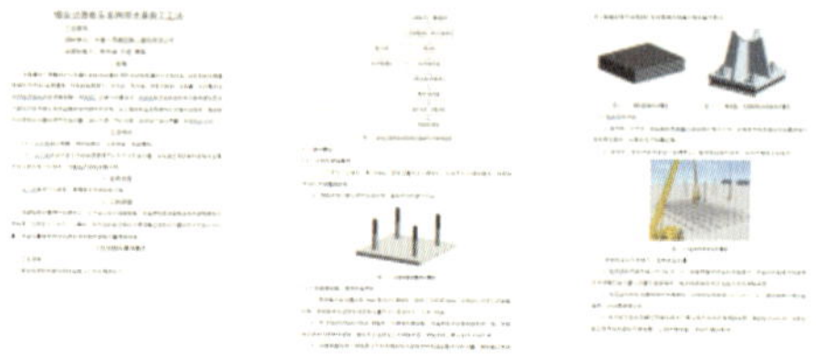

增设过渡板安装网架支座工法

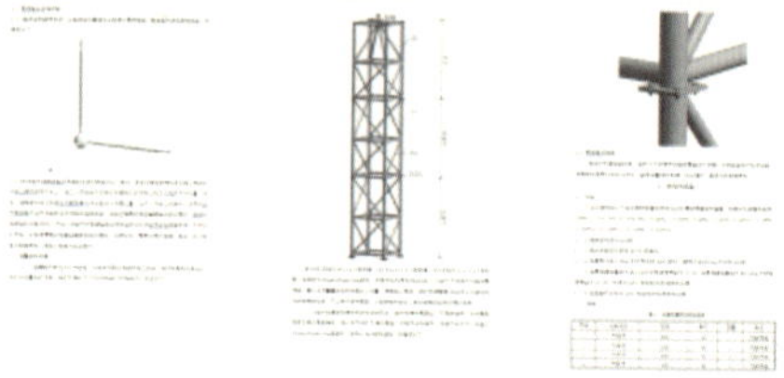

设置可周转临时简易支撑安装网架工法

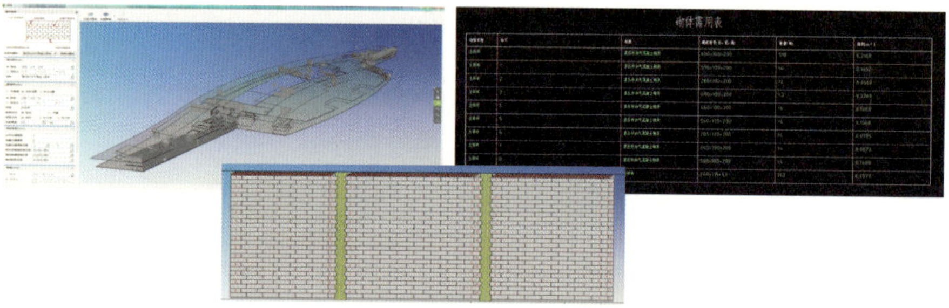

出具排砖量统计表，在砌块到场时按区域卸货，减少砌块的二次倒运工作，提高工作效率。

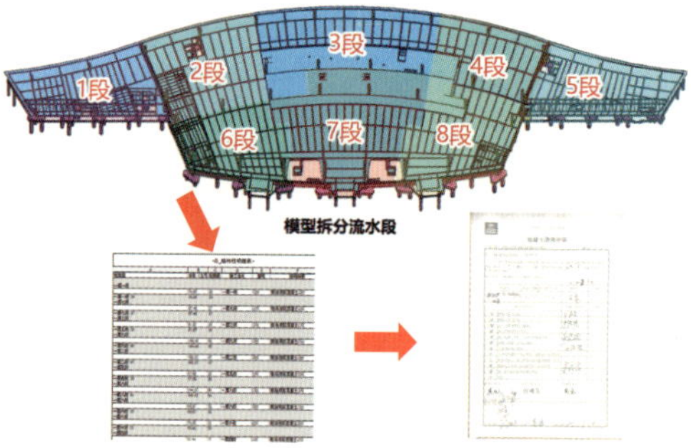

按流水内容提取工程量　　填报混凝土浇筑申请单

4.5.3 成本管理

模型量、商务量、现场量三算对比进行混凝土量管控。

材料精细化管理——钢筋

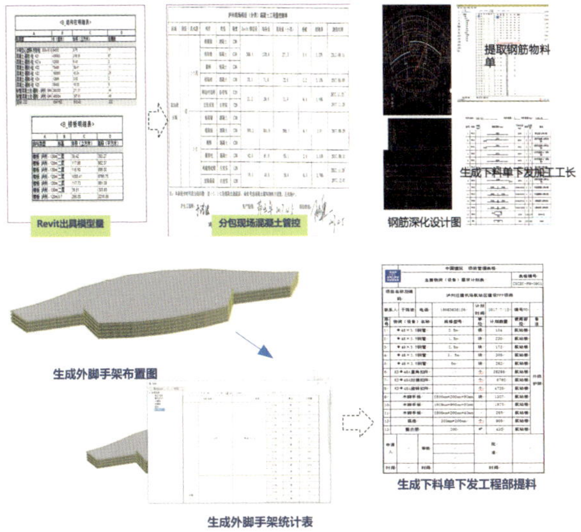

4.5.4 安全质量管理

可以使用移动终端 App 与云端的进度、质量问题追踪功能。施工管理人员使用手机客户端将现场质量、安全问题记录并反馈到 BIM 模型中的相应位置，管理人员发现并处理问题。

辅助管理人员进行现场质量、安全管理，形成验收信息、资料及可视化记录。

4.5.5 资料管理

协筑平台应用——施工图模型过程管理

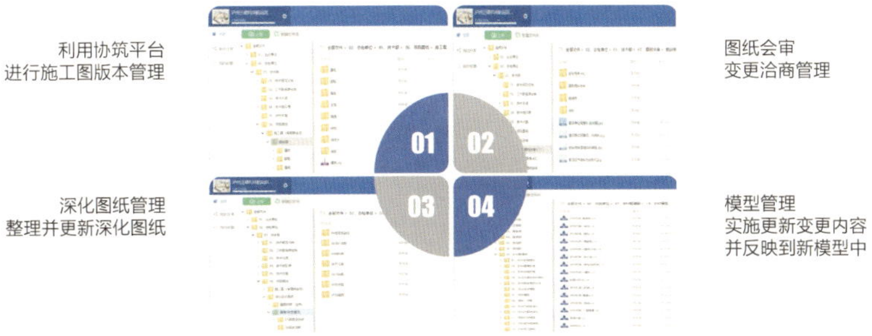

4.5.6 进度管理

无人机航拍技术用于现场形象、进度、材料监控

4.5.7 BIM 资源成果累计

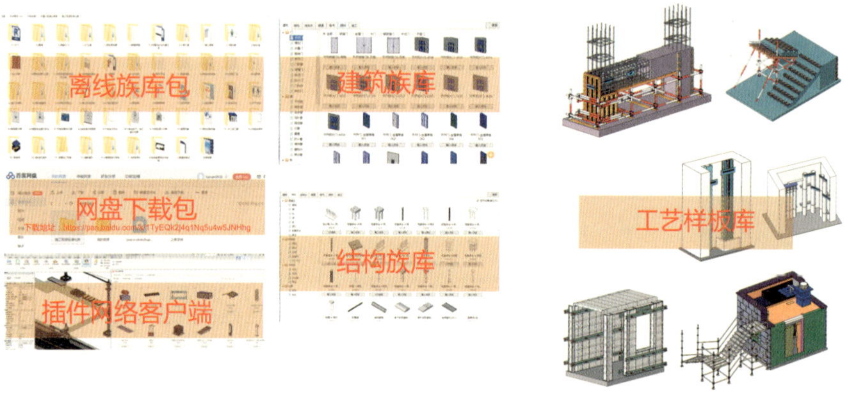

累计完成多种格式的族库收集 80 余项，工艺工法样板累计 10 余项，建筑、结构、钢结构、装修等主体族构件 500 个。建立族库离线包、网盘下载包，基于插件网络平台端等多种平台共享使用。

4.6 效益分析

4.6.1 BIM 配置及实施策划

项目总工期 730 天，提前 298 天竣工，实现超前完美履约，收到泸州市委市政府的感谢信，并获登报表扬。

4.6.2 BIM 成果文件积累

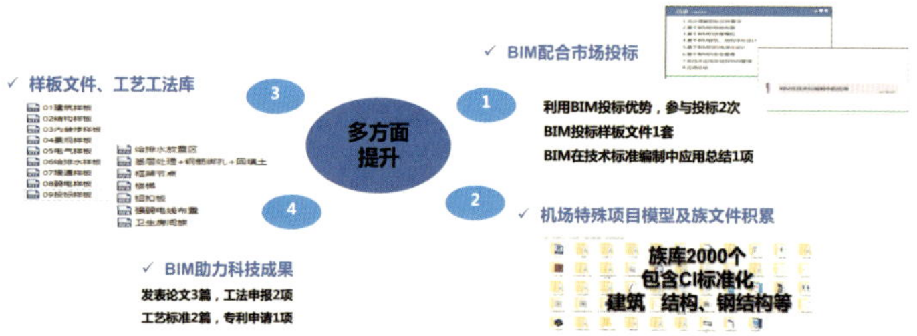

5. BIM 技术在商业综合体设计与分析中的应用研究

5.1 工程概况

项目名称：恒大岷江新城 6# 地块 ~3# 商业综合体

地理位置：成都市新津县普兴镇

建筑面积：3.4 万平方米

项目简介：该项目地下一层（局部二层），地上四层。拟打造含有九大主力业态的商业综合体，九大主力业态分别为超市、美食广场、精品书店、KTV、儿童乐园、运动空间、宴会厅、影剧院、屋顶农场。

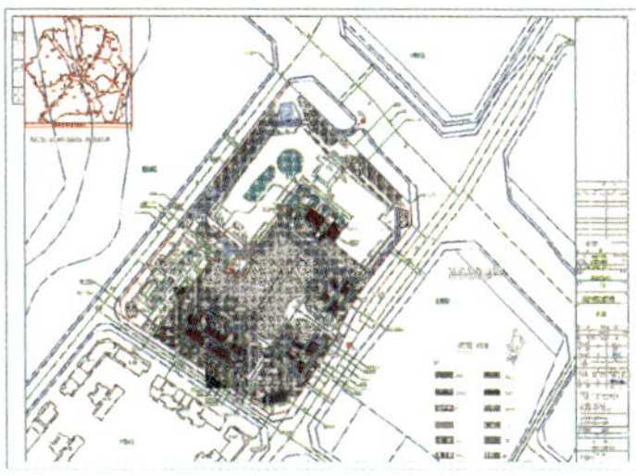

5.1.1 软件配置

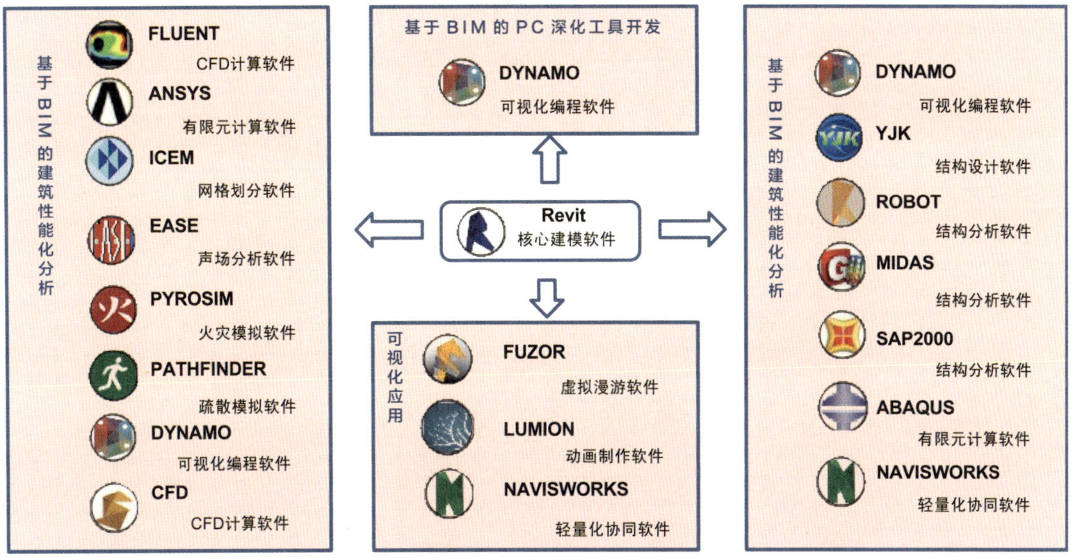

5.1.2 BIM 应用目标

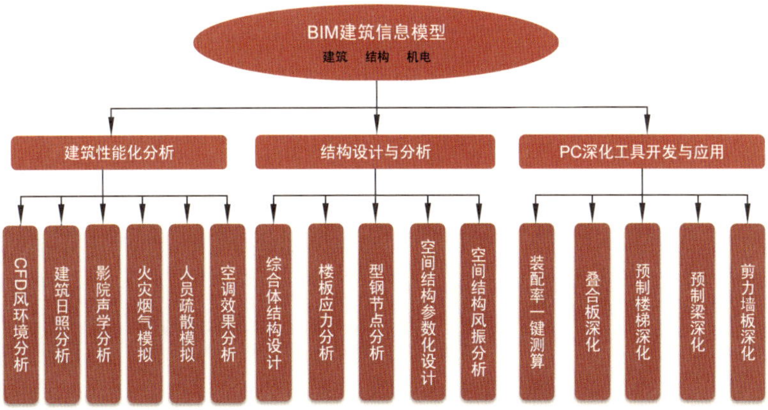

5.2 全专业 BIM 模型搭建

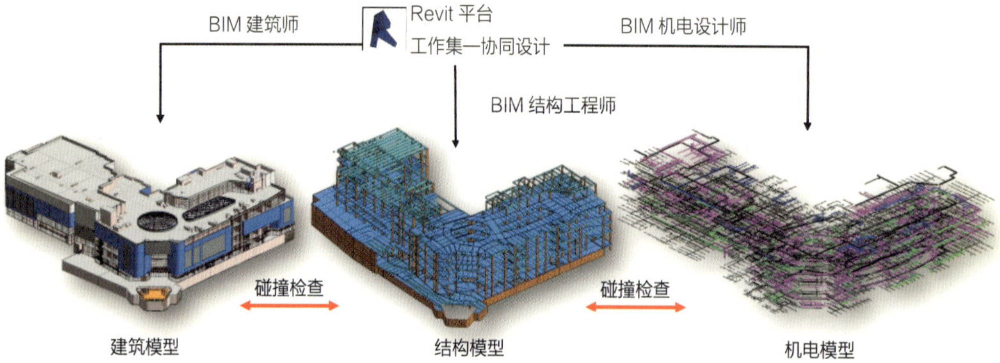

5.2.1 CFD 建筑风环境分析

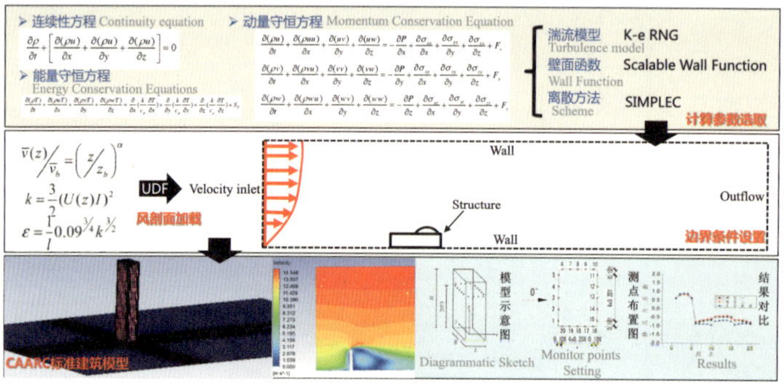

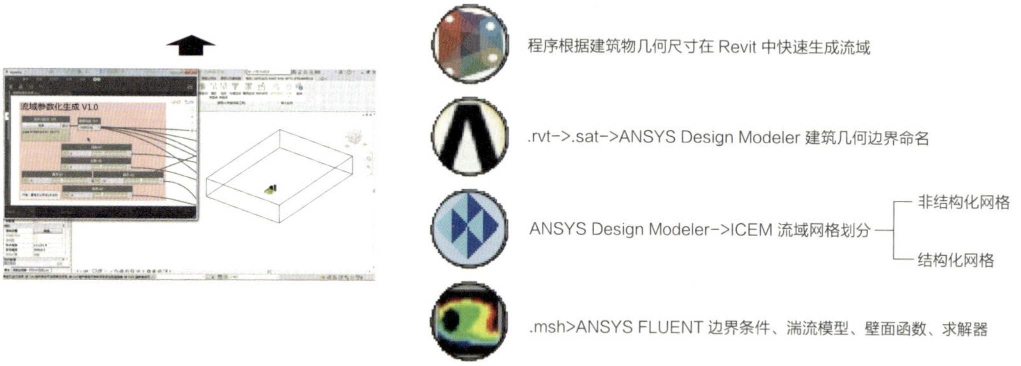

CFD 结果分析

场地区域通风情况较好，场地内风速不大于 5m/s，符合《绿色建筑评价标准》GB50378“建筑物周围人行区风速小于 5m/s”的要求

场地内人活动区出现涡旋区，不符合《绿色建筑评价标准》GB50378“场地内人活动区不出现涡旋或无风区”的要求

人行出入口风速较大，不适宜人员行走，建议结合景观绿化来降低风速：建议种植枝叶茂盛、高大的植物种类

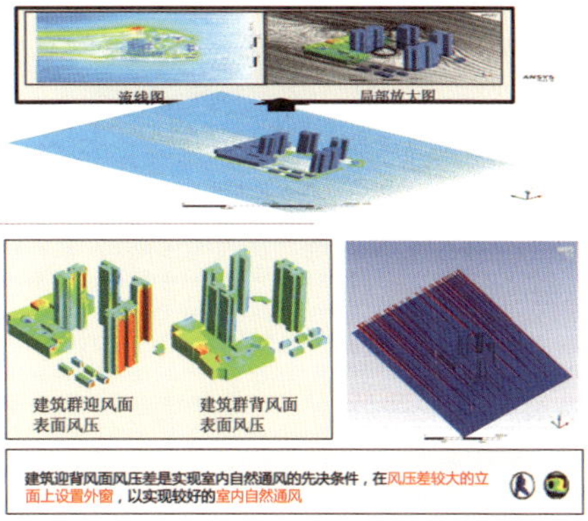

5.2.2 影院声学分析

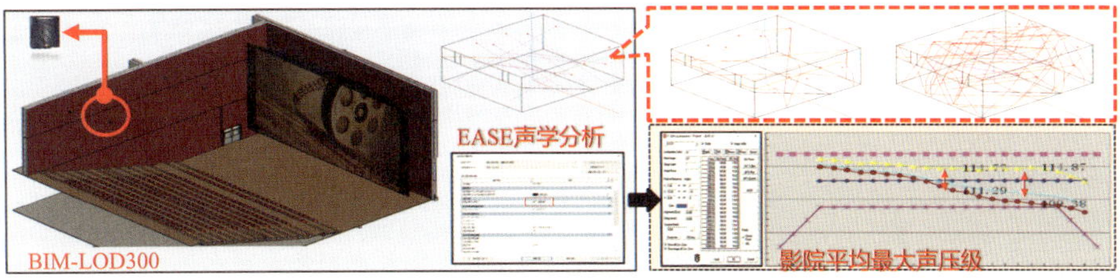

声场模拟平均最大声压级 115.27dB，满足《厅堂扩声系统设计规范》GB50371 的标准要求（103dB），并有较大的动态余量。

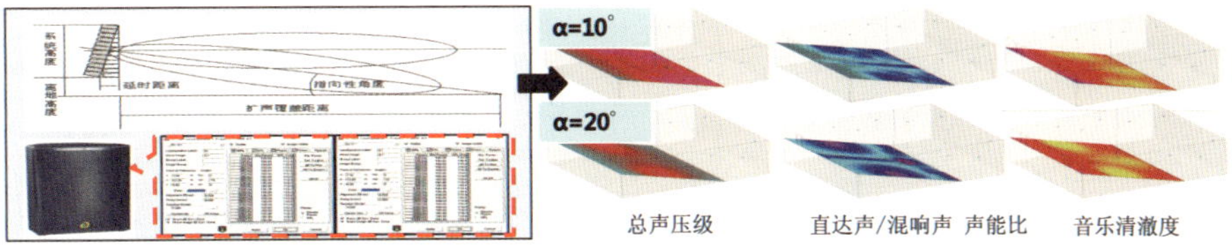

通过对比不同 α 角下音箱的总声压级、声能比与声音清澈度，对壁挂式音箱的指向角度进行优化，使放映过程中观众区域的收音效果达到最佳。

5.2.3 日照分析

日光研究通过展示自然光和阴影对项目的影响，为建筑设计提供有价值的信息。

该项目在 Revit 中运用“日光路径研究 + 云端照度渲染”的方法研究了综合体在考虑塔楼的影响下，在大寒日与冬至日的采光情况，基于分析结果，优化商业综合体窗墙比。

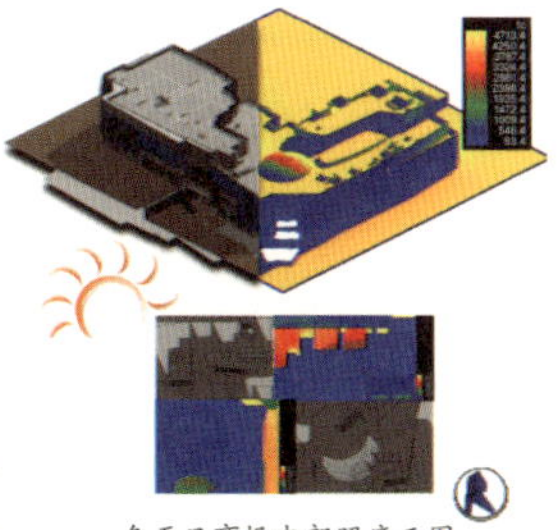

冬至日商场内部照度云图

5.2.4 烟气蔓延分析

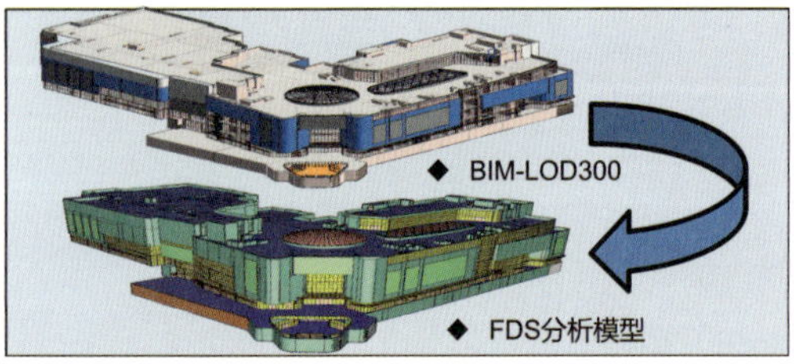

模拟初始条件

（1）环境初始温度（Temperature）：20℃；
（2）环境初始相对湿度(Relative Humidity)：50%；
（3）环境大气压力(Pressure)：101325Pa(1atm)；
（4）风速(Velocity)：0m/s；
（5）火灾模拟运行时间（Time）：1200s；
（6）火灾增长类型（Type）：快速火；
（7）地板材质（Floor）：设定为绝缘材料，不传热；
（8）消防条件（Fire Conditions）：有感烟探测器，无喷淋和机械排烟；
（9）燃烧类型（Combustion Type）：木材及复合材料、电缆。

Revit 导出三维 dwg 格式，用于 FDS 分析模型

网格划分、起火点位置、燃烧反应等参数定义

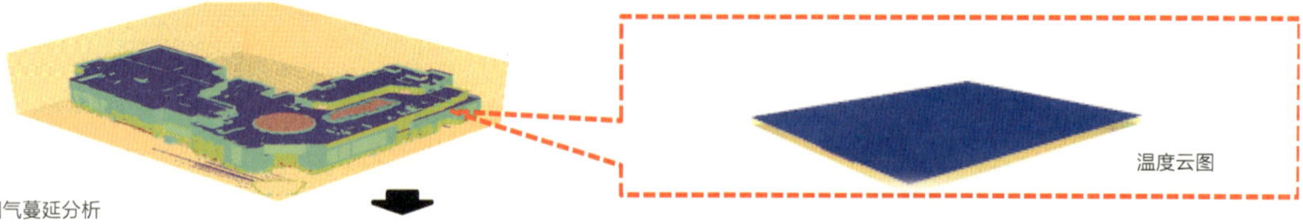

烟气蔓延分析

通过烟气蔓延模拟，可有效地反映出火灾发生过程中烟气蔓延情况和温度场分布，能为商业综合体的消防安全工作提供有力的数据支持。

在火灾情景下，运用合理的安全防排烟措施，将会减少烟气对人员逃生的影响，有效地争取逃生时间。

5.2.5 人员疏散模拟

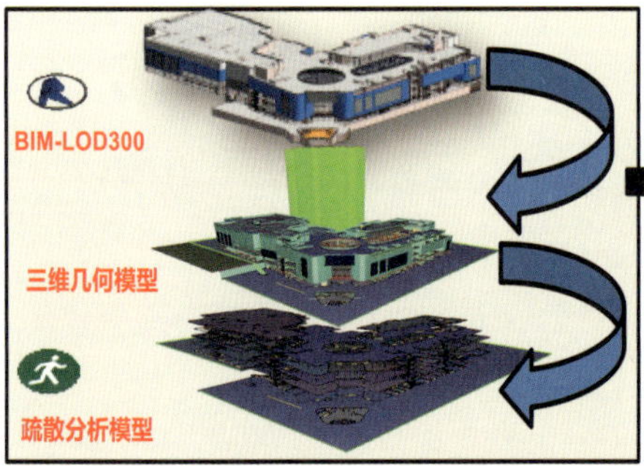

➢ 疏散人数 《建筑防火设计规范》

——商店的疏散人数应按每层营业厅的建筑面积乘以规定的人员密度计算

楼层位置	地下第2层	地下第1层	地上第1、2层	地上第3层	地上第4层及以上各层
人员密度	0.56	0.6	0.43—0.6	0.39—0.54	0.30—0.42

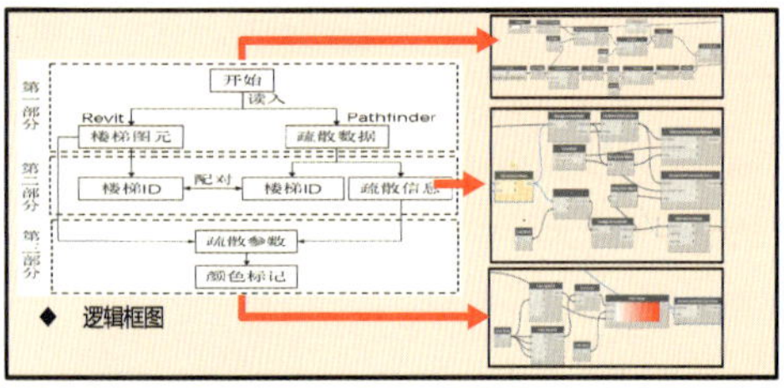

◆ 逻辑框图

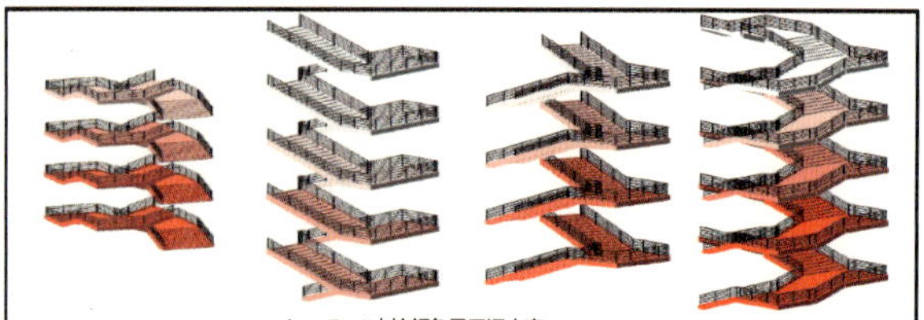

◆ Revit中按颜色显示通人率

利用Dynamo提取Pathfinder疏散数据并储存于BIM模型中，可直观地观察整个疏散过程中各楼梯的使用频率，基于该数据可对楼梯的布置进行优化。

5.2.6 空调制冷 / 制热效果模拟

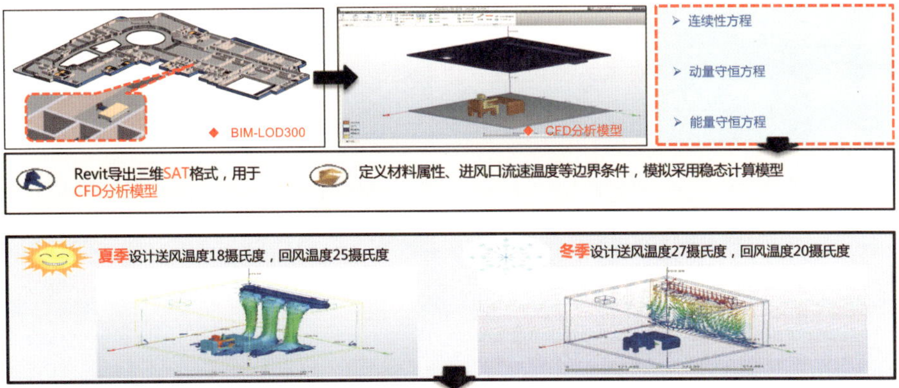

该项目分析了房间内部在夏季与冬季时空调的制冷与制热效果，优化了进风口与出风口的位置，使室内温度满足设计要求。

5.2.7 整体结构设计

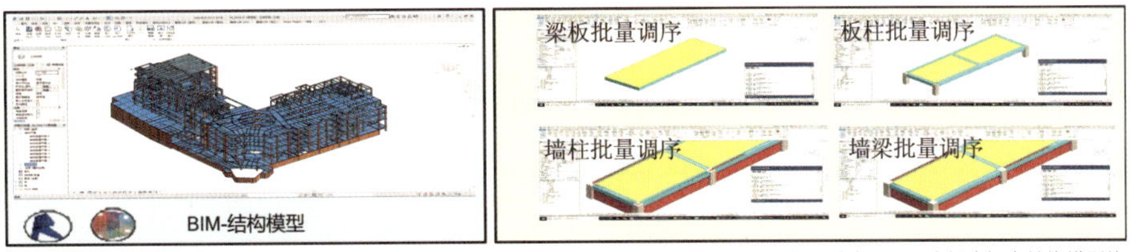

在 Revit 中搭建 BIM 结构模型，利用可视化编程平台 Dynamo，编制多种结构模型批量处理效率工具，大幅度提高结构模型的建模效率。

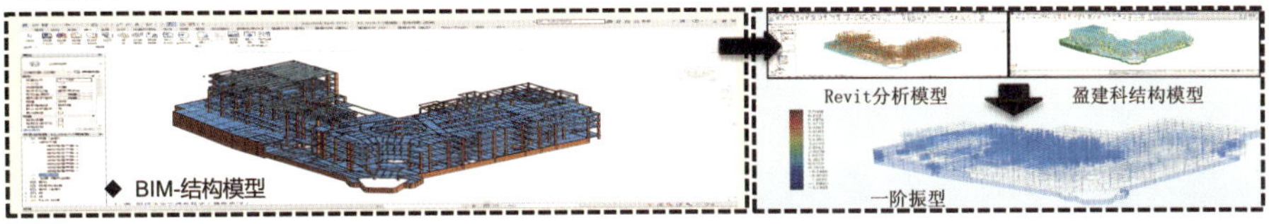

（1）在 Revit 中将分析模型导入 YJK 中，对结构进行弹性分析计算。
（2）计算完成后，利用 PDST 将计算书导入 Revit 中，并完成构件施工图的生成。

5.2.8 楼板应力分析

加强措施 （1）增大板厚与配筋；（2）合理设置后浇带；（3）加强屋面保温

温度应力分析

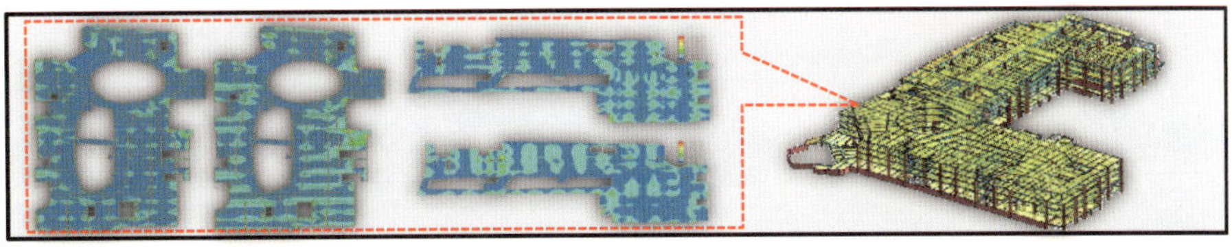

（1）洞口连接处板厚为 150mm，板筋采用 0.20% 的配筋率双层双向布置；
（2）在主拉应力较大的梁柱支座处，再附加板筋；
（3）洞口周边设梁，箍筋全跨加密。

中震应力分析

5.2.9 型钢节点应力分析

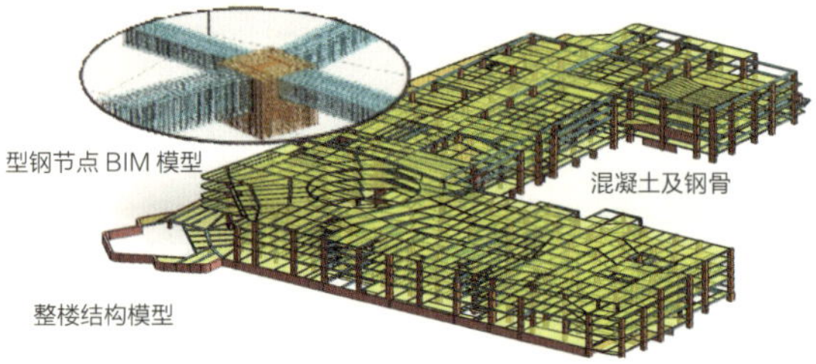

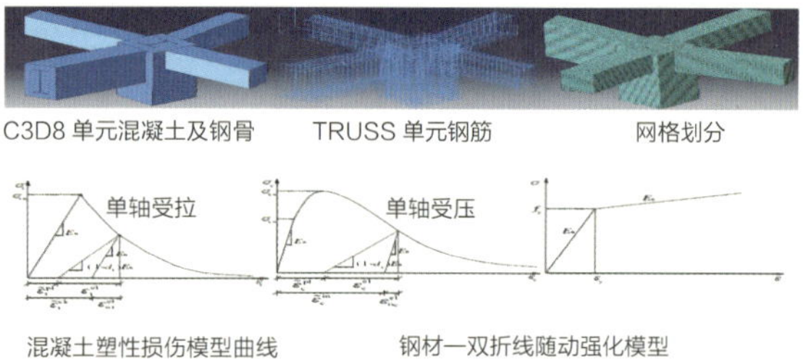

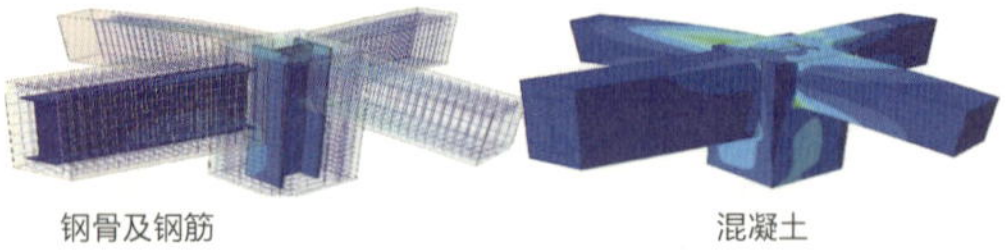

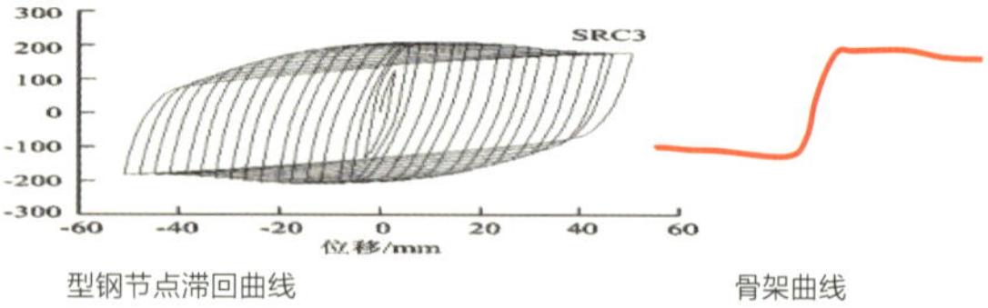

通过型钢节点有限元分析可得，在设计基本组合作用下，型钢节点内材料应力均未到达屈服点，该节点设计合理。通过低周往复加载，研究了该节点的恢复力特性。可见，该节点区域滞回环饱满，具有良好的抗震性能。

5.2.10 钢穹顶设计与分析

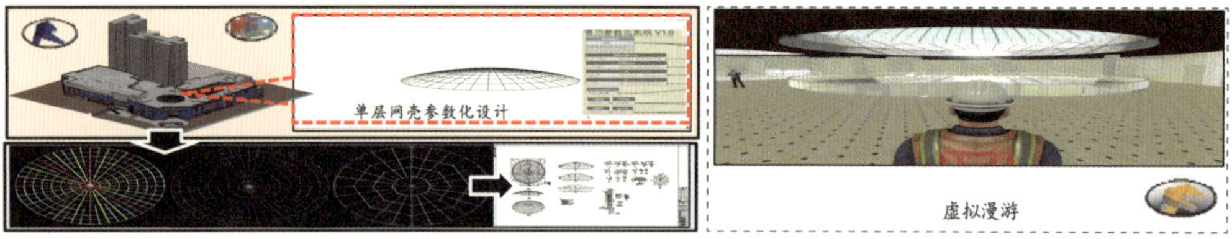

利用可视化编程平台 Dynamo，编制单层网壳参数化设计程序，进行网壳的参数化设计与方案比选。

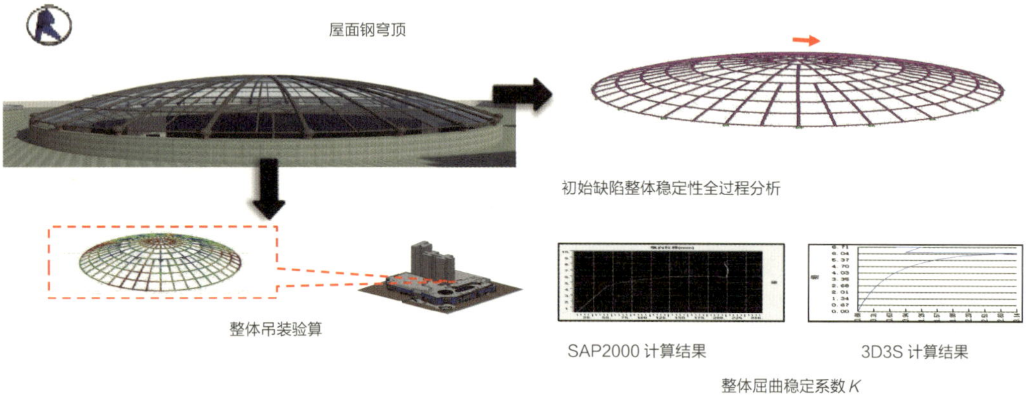

单层网壳为缺陷敏感型结构，基于 BIM 技术在 SAP2000 及 3D3S 中进行带初始缺陷的整体稳定全过程分析，对比分析结果，论证结构的安全性。

5.2.11 装配率一键测算

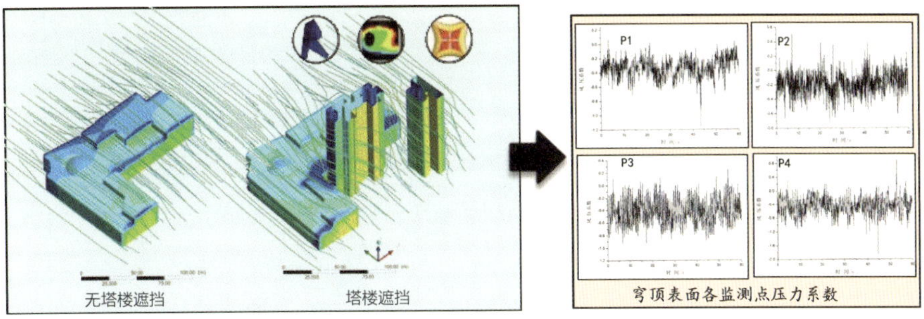

基于 CFD 计算结果，将单层网壳上各节点的时程曲线提取出来。在时域内进行风振分析，以保证结构的安全性。

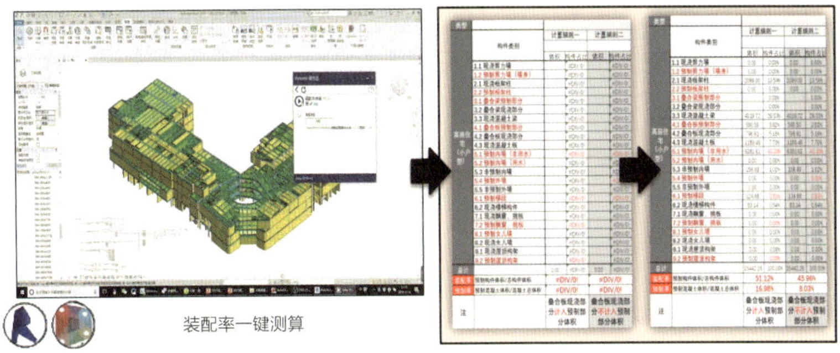
装配率一键测算

5.2.12 预制构件批量拆分

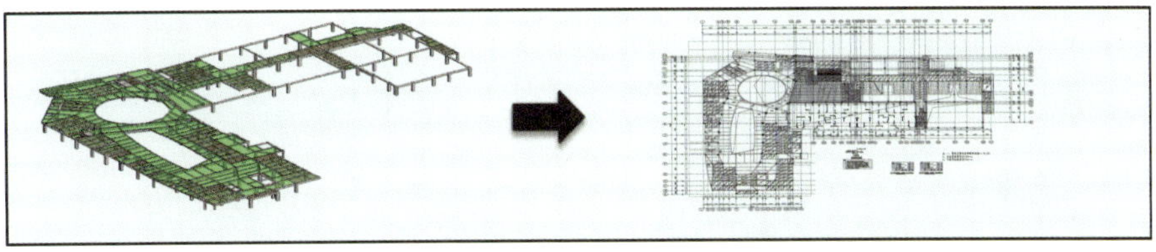
Revit 结构模型　　叠合板平面布置图

利用可视化编程平台 Dynamo，编制将楼板批量拆分为叠合板的工具，可对 Revit 中楼板按数量、宽度等条件一键拆分。

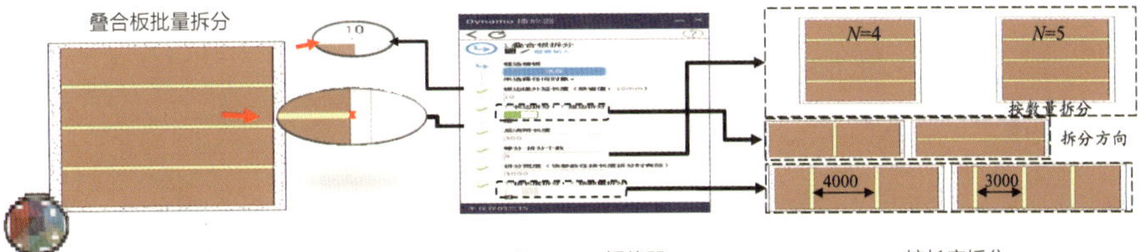

楼板拆分　　Dynamo 播放器　　按长度拆分

5.2.13 叠合板深化设计

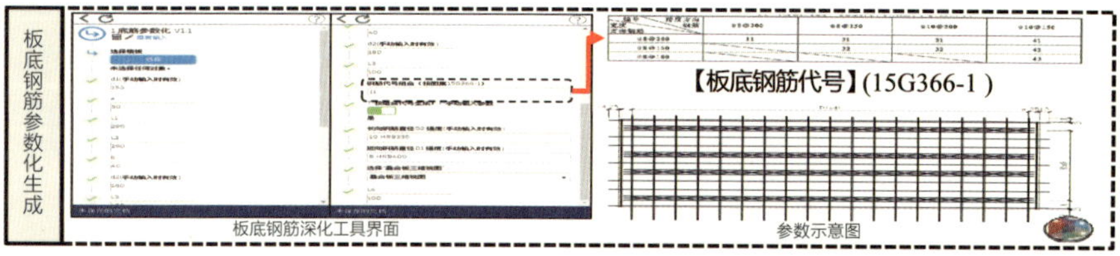

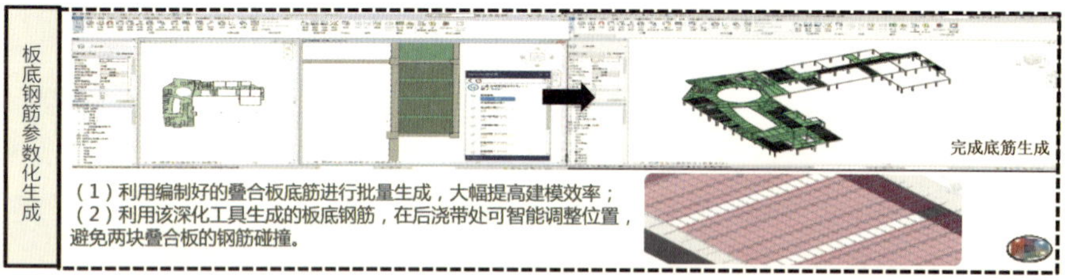

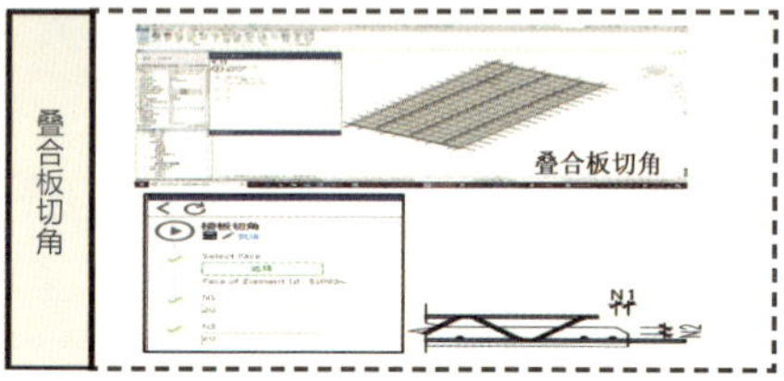

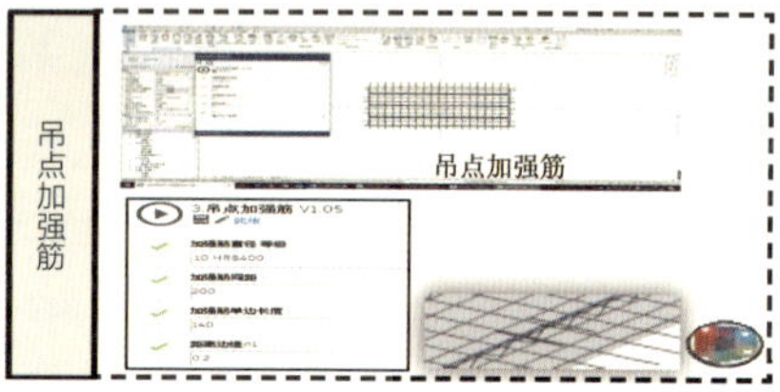

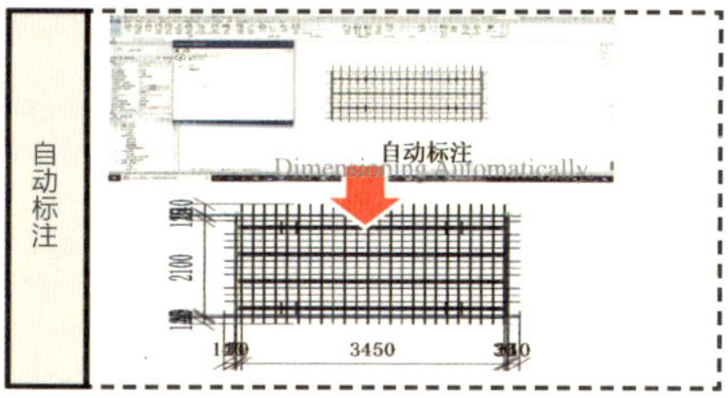

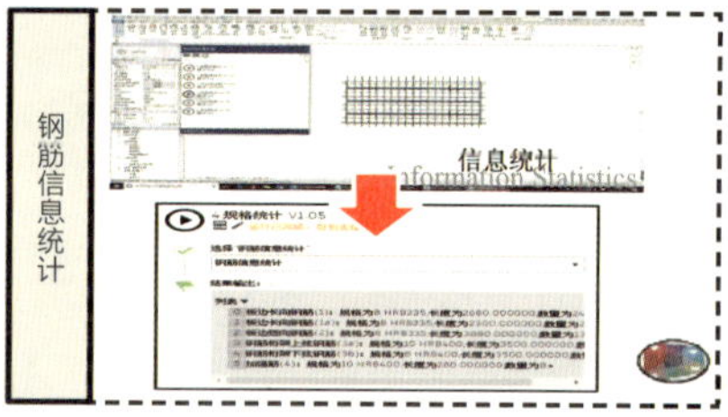

5.2.14 预制楼梯深化设计

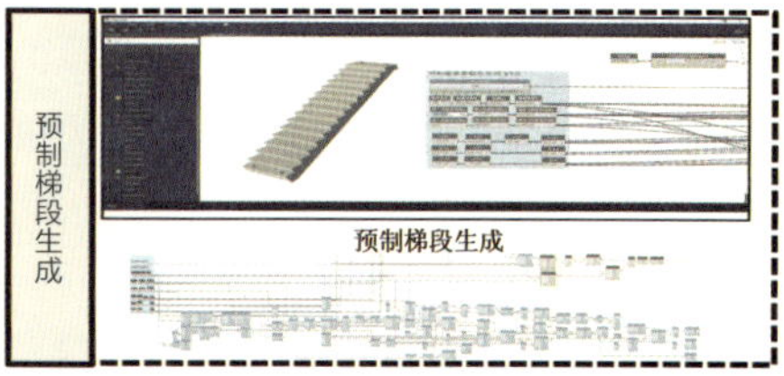

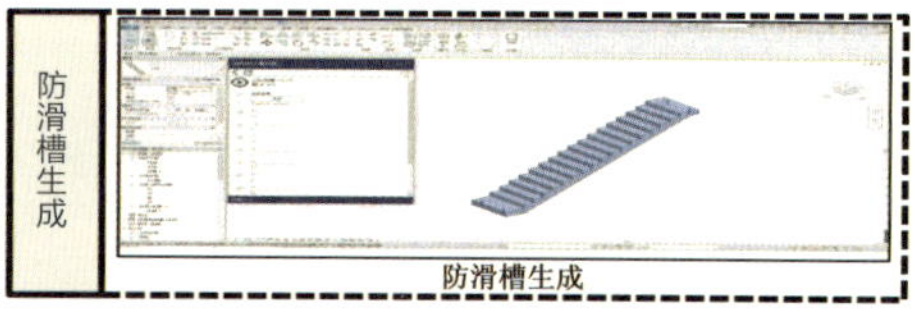

预制梯段参数化生成：输入的参数生成预制梯段，梯段包含上下销键预留洞口

防滑槽参数化生成：输入防滑槽参数，一键生成防滑槽

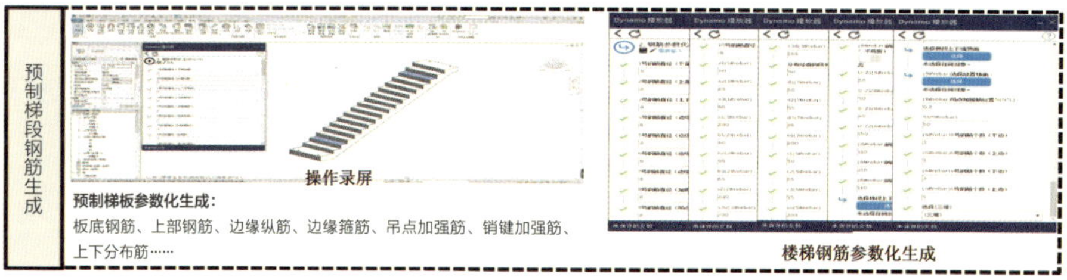

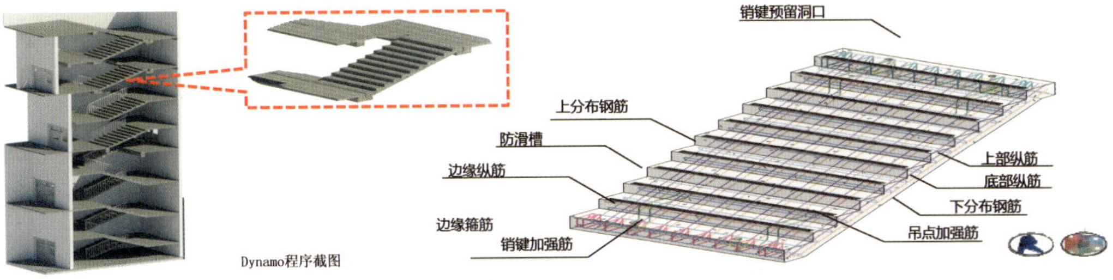

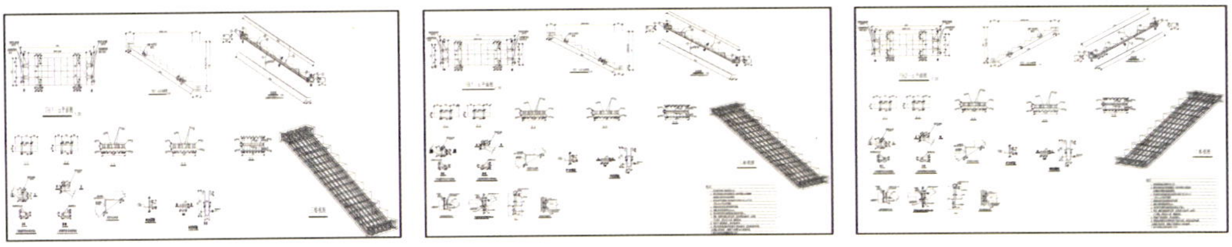

该工程共计 64 个预制梯段，利用深化工具在 Revit 中对预制梯段进行深化设计，大幅提高了设计效率。

5.2.15 叠合梁深化设计

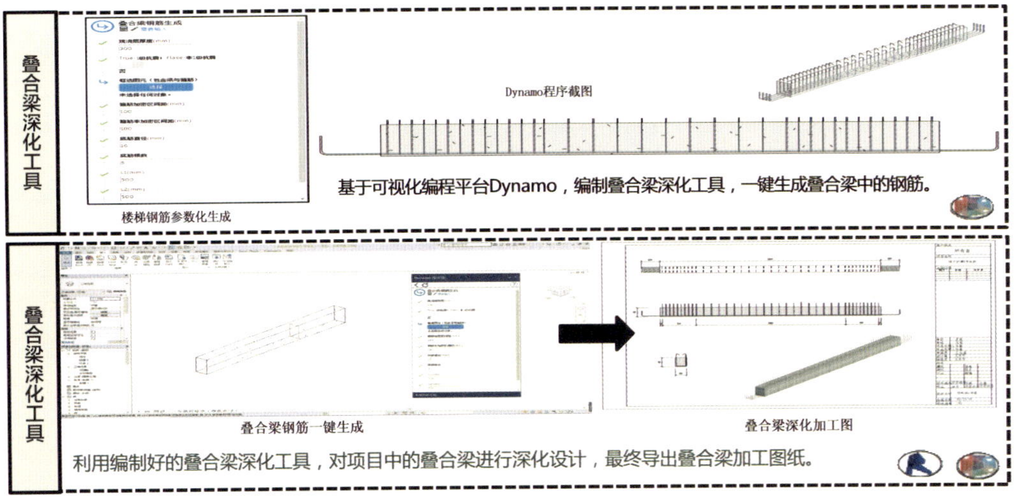

5.2.16 预制剪力墙

一、不开洞墙体深化工具

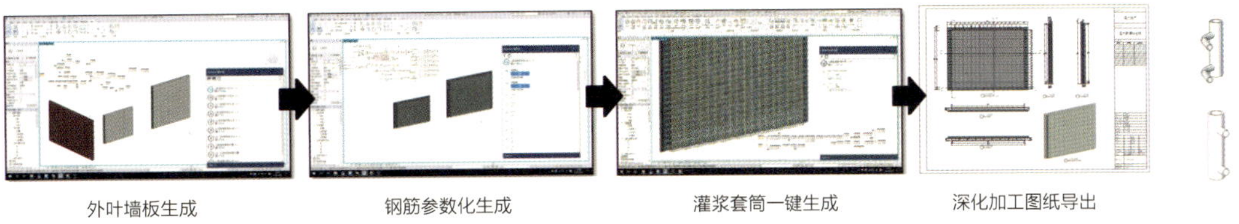

二、窗洞墙体深化工具

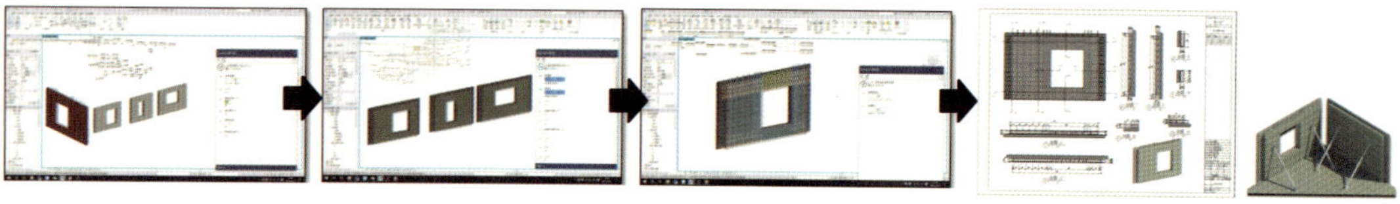

外叶墙板生成　　钢筋参数化生成　　灌浆套筒一键生成　　深化加工图纸导出

三、门洞墙体深化工具

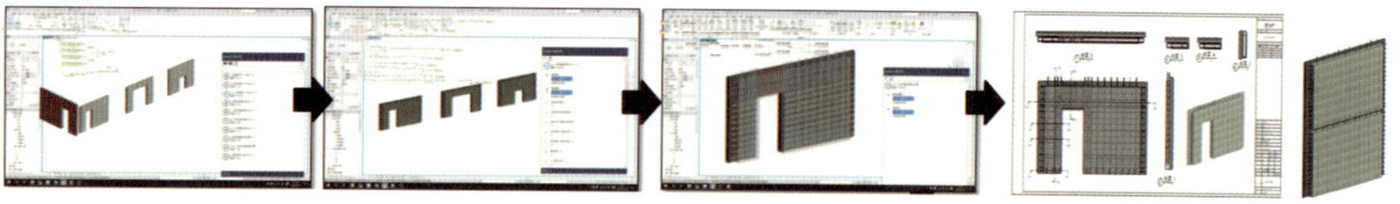

外叶墙板生成　　钢筋参数化生成　　灌浆套筒一键生成　　深化加工图纸导出

（1）外叶墙板生成：程序自动根据剪力墙的尺寸，为墙体创建保温隔热层和建筑面层（外伸尺寸可输入）；

（2）钢筋参数化生成：程序根据输入的参数生成剪力墙中的钢筋；

（3）灌浆套筒一键生成：程序自动识别需要设置灌浆套筒的纵筋，并放置不同的灌浆套筒（TT1 或 TT2）。

5.3 BIM 技术应用总结

5.3.1 基于 BIM 的建筑性能化分析

风环境分析

采用 BIM 技术，基于 Revit+ANSYS Fluent+CFD POST 研究建筑群外部风场的分布规律；根据 CFD 计算结果对建筑周围行人舒适度进行评估，并提出减小风速的建议

日照分析

Revit 中运用“日光路径研究 + 云端照度渲染”的方法研究综合体在考虑塔楼的影响下，在大寒日与冬至日的采光情况，基于分析结果，优化商业综合体窗墙比

声学分析

采用 Revit+EASE 对影院内部声场进行模拟，精确计算各音响组合下的最大声压级，并优化音响的指向角

基于 Revit+Pyrosim 研究不同起火点工况下建筑内部的烟气蔓延情况和温度场分布，为建筑的消防安全工作提供有力的数据支持

烟气蔓延分析

基于 Revit+Pathfinder 研究建筑内部人员疏散情况，根据疏散结果对疏散通道进行优化，并利用 Dynamo 将各疏散楼梯的使用频率储存于信息模型中

人员疏散模拟

基于 Revit+CFD 研究夏季与冬季条件下空调制冷与制热的效果，优化风口位置

空调效果分析

5.3.2 基于 BIM 的结构设计与分析

结构设计

基于 Revit+YJK，对综合体进行结构分析与设计，并完成施工图的生成

楼板应力分析

基于 Revit+Midas，对综合体进行楼板温度应力分析及中震应力分析，根据分析结果提出相应的加强措施

型钢节点有限元分析

基于 Revit+ABAQUS，对结构中的型钢节点进行精细化有限元分析

基于 Revit+Dynamo+3D3S 对综合体屋顶的钢穹顶进行了参数化设计与整体稳定性分析，优化了杆件截面，节省了用钢量

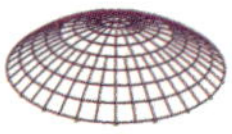

单层网壳参数化设计与分析

基于 Revit+Fluent+SAP2000，对单层网壳进行了风振分析，论证了该网壳在风荷载作用下的安全性

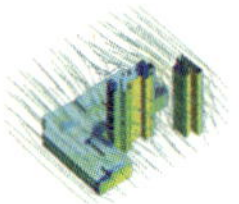

网壳风振分析

将 BIM 技术可视化、信息化及一模多用的特点应用于结构分析与设计的各阶段，基于分析结果，在保证安全性的情况下，对结构进行合理的优化，充分体现了 BIM 技术的优势。

5.3.3 基于 BIM 的 PC 深化工具开发与应用

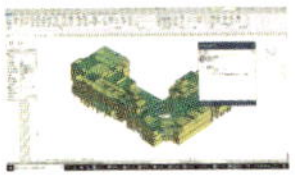

装配率一键测算

基于可视化编程平台 Dynamo，编制装配率一键测算工具，可自动提取模型中各构件的体积于 EXCEL 表中进行建筑预制装配率的测算

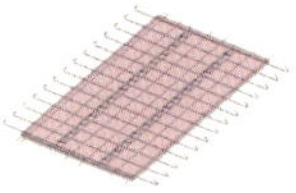

叠合板深化工具

基于可视化编程平台 Dynamo，编制叠合板深化工具包，包括叠合板一键拆分、叠合板钢筋生成、钢筋信息统计、楼板参数化切角、标注自动化生成等功能

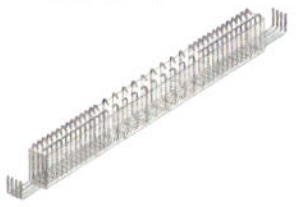

叠合梁深化工具

基于可视化编程平台 Dynamo，编制叠合梁深化工具包，包括叠合梁钢筋一键生成，钢筋信息统计等功能

基于可视化编程平台 Dynamo，编制装配率一键测算工具，可自动提取模型中各构件的体积于 EXCEL 表中进行建筑预制装配率的测算

预制楼梯深化工具

基于可视化编程平台 Dynamo，编制叠合板深化工具包，包括叠合板一键拆分、叠合板钢筋生成、钢筋信息统计、楼板参数化切角、标注自动化生成等功能

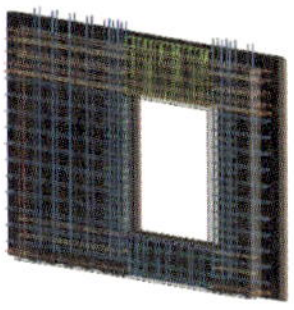

预制剪力墙深化工具

利用可视化编程平台 Dynamo，编制 PC 深化工具包，可在 Revit 中对各类构件进行深化设计，并导出深化加工图纸，大幅提升设计效率。

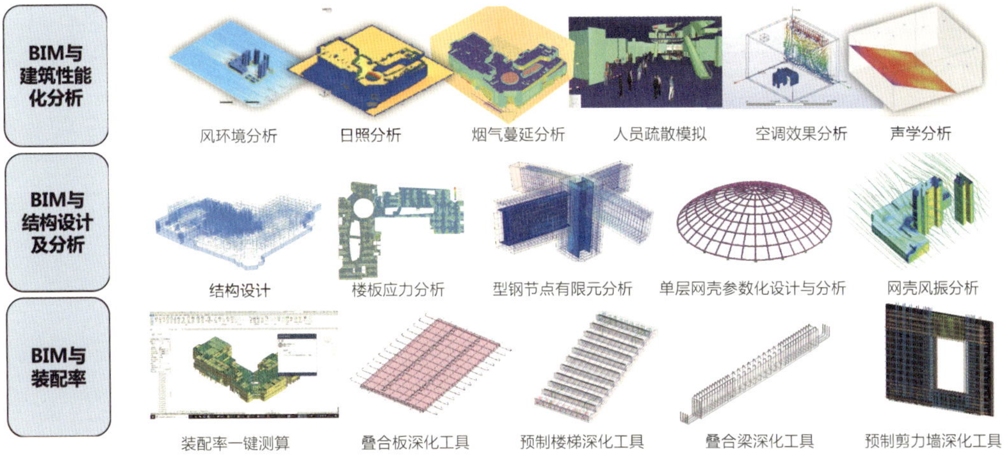

将 BIM 技术应用于设计阶段中的各个方面，丰富了现阶段 BIM 技术的应用范围，为 BIM 技术在设计阶段的应用提供了参考。

6. 仙桃数据谷 BIM 综合管理应用

6.1 项目概况

仙桃数据谷项目位于重庆市两江新区悦来国际商务区，围绕建成中国大数据产业生态谷的总体目标，重点发展智能汽车、智能终端、航空产业、生命健康、智慧城市五大产业。

中国五冶集团有限公司承建的二期一标段项目由 69 号、76 号和 78 号地块组成，含商务办公楼、SOHO 办公楼、公寓、国际小学及台湾青年创意产业园等，总建筑面积约 40.78 万平方米，计划工期 730 日历天。

楼号	高度	结构形式
1#楼	91.5m	钢管弓形柱
2#楼	91.5m	钢管弓形柱
3#楼	86.7m	型钢混凝土
4#楼	79.9m	型钢混凝土
5#楼	73.1m	钢管弓形柱
6#楼	62.7m	砼弓形柱
7#楼	24.3m	框架剪力墙
9#楼	99.5m	三塔-框剪
11#楼	25.8m	型钢混凝土
12#楼	72.4m	双塔-框剪

工程重难点

钢结构工程： 9# 楼屋面钢结构环廊高度大、重量大，提升难度高，需采用预拼装和同步提升技术	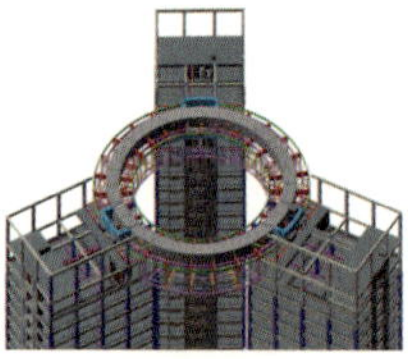	幕墙工程： 项目幕墙工程量约 16 万平方米，其中 1~6# 楼平面结构层层扭转，幕墙形式扭曲而不规则，非标准单元式幕墙加工复杂	
BIM 解决措施： 利用 BIM 技术模拟钢结构拼装和提升施工过程，结合有限元分析确保安全性		BIM 解决措施： 建立工业级参数化 BIM 模型，与数控技术相结合，实现自动下料加工	
机电工程： 项目地下室均为 1% 的结构找坡，且单体工程交接处高差复杂，涉及各专业管线交叉、集中，设计净高要求高，安装工程施工难度大	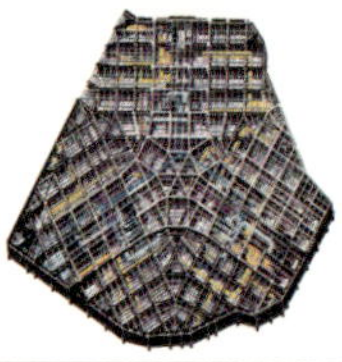	土建工程： 1~6# 楼建筑造型扭曲，斜柱众多，四周为弧形锁口梁，地下室标高系统较多，对测量放线精准度要求高	
BIM 解决措施： 利用 BIM 管线综合调整技术，优化各区域管线排布方式，确保完工美观并满足使用功能需求		BIM 解决措施： 将 BIM 模型导入放样机器人，提取三维空间坐标数据，辅助测量定位	

6.2 BIM 实施特点

该项目的 BIM 实施引入测量机器人、3D 扫描、VR 等新技术，在碰撞分析、方案优化、点云建模、自动放线等方面深入研究，确保 BIM 技术为项目建造全过程支撑服务。同时依托互联网、云计算实现信息互联，将项目管控要素和 BIM 技术有机结合，建立信息一体化的四方协同工作机制，打通项目各阶段、各区域的数据链，汇聚企业持续型数据库，让项目管理获得智慧生命，实现建筑业 + 互联网管理。

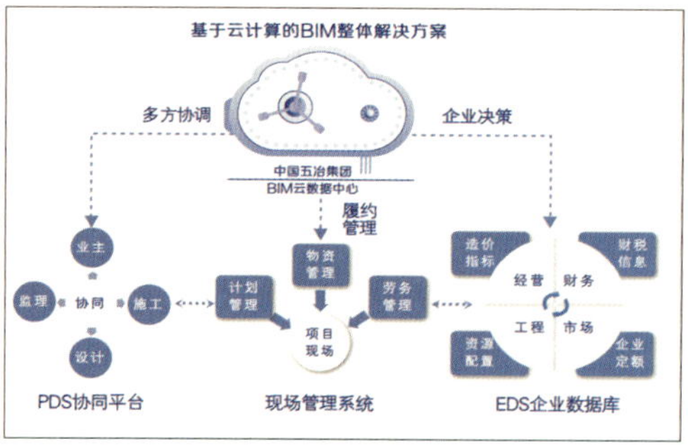

6.2.1 BIM 应用流程及标准建设

项目 BIM 应用流程

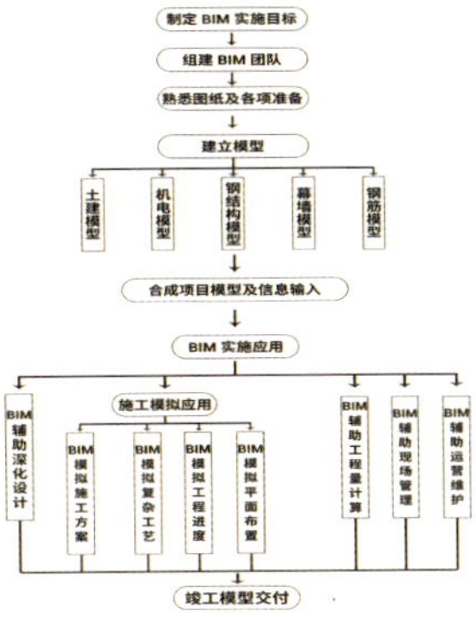

项目 BIM 实施管理制度

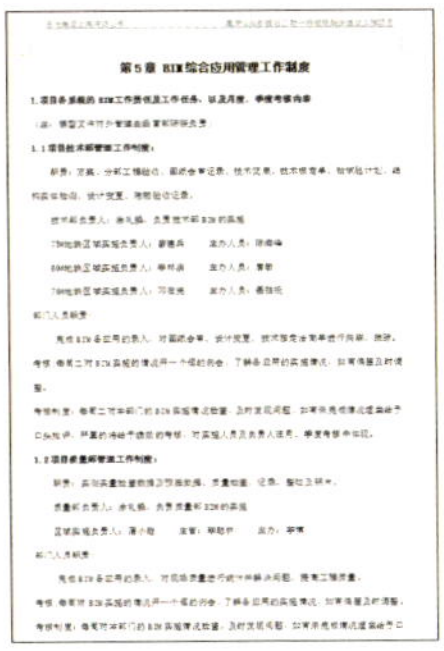

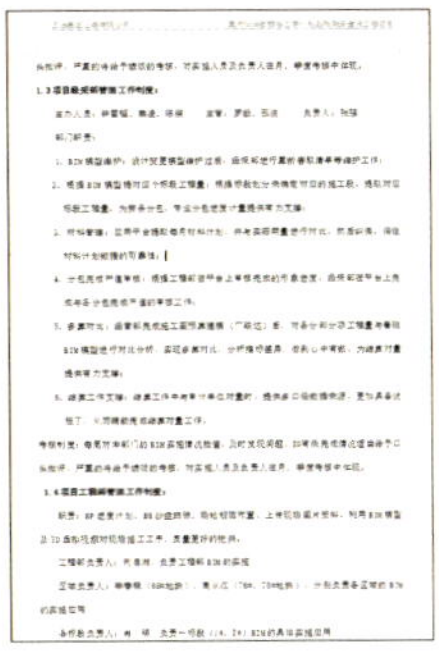

6.2.2 团队组织架构

公司 BIM 中心由总工程师亲自挂帅，项目经理为项目 BIM 实施的负责人，下设 BIM 创新工作室，各专业 BIM 团队全过程负责深化设计、辅助施工、科研创新等工作，履约部门使用 BIM 工具开展日常管理工作，提高精细化管理水平。

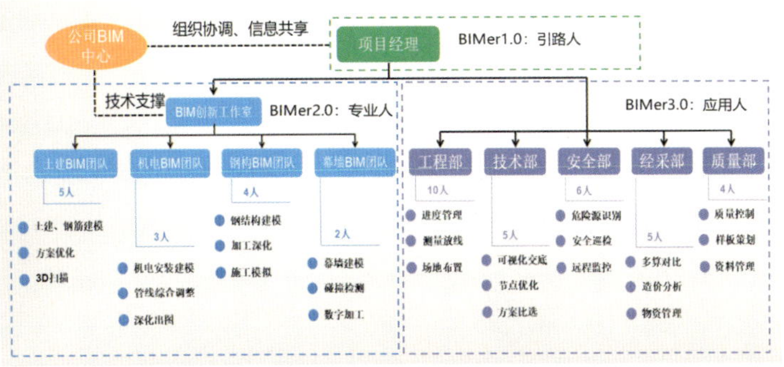

6.2.3 软硬件环境

企业级服务器

戴尔 Precision7710

徕卡 MS60
全站扫描仪

移动端

VR 设备

序号	软件名称	软件用途
1	土建、钢筋、安装BIM	BIM建模算量软件
2	Tekla V19	钢结构建模软件
3	Catia V5	幕墙参数化建模软件
4	Revit 2016	施工方案措施模拟软件，场地动态管理应用软件
5	Navisworks Manage 2016	施工模拟，软硬空间碰撞检测等应用软件
6	FUZOR2017	VR接口平台
7	3Ds max	施工动画制作
8	Cyclone	点云建模
9	SAP 2000	有限元计算分析
10	企业级BIM云平台	综合管理应用平台

6.3 BIM 建模

6.3.1 建模标准制定

要想使BIM综合管理能够应用在集团公司、分公司、项目部的工程、技术、质量、安全、经采5大系统且有效实施，BIM 模型创建质量尤为重要。该项目 BIM 模型严格执行集团公司《BIM 建模标准》并结合项目特点，以基于 BIM 模型指导现场作业为项目工程技术员和各级管理人员提供精准数据为目的而创建。

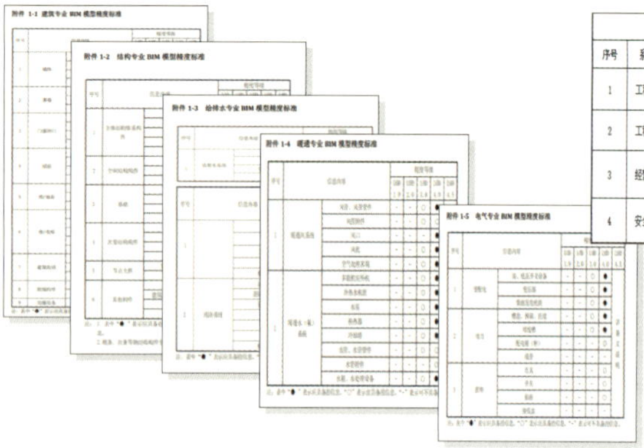

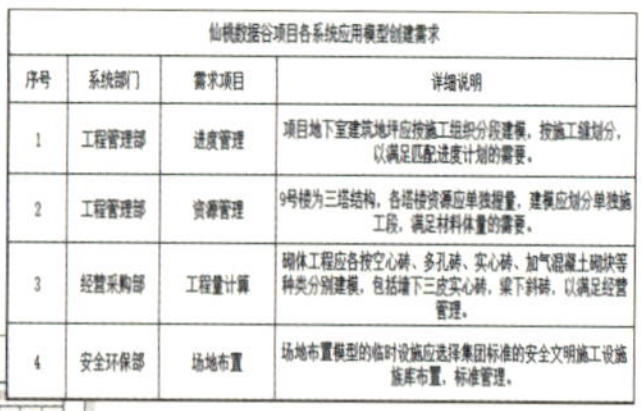

仙桃数据谷项目各系统应用模型创建需求

序号	系统部门	需求项目	详细说明
1	工程管理部	进度管理	项目地下室建筑地坪应按施工组织分段建模，按施工缝划分，以满足匹配进度计划的需要。
2	工程管理部	资源管理	9号楼为三塔结构，各塔楼资源应单独提量，建模应划分单独施工段，满足材料体量的需要。
3	经营采购部	工程量计算	砌体工程应各按空心砖、多孔砖、实心砖、加气混凝土砌块等种类分别建模，包括墙下三皮实心砖，梁下斜砖，以满足经营管理。
4	安全环保部	场地布置	场地布置模型的临时设施应选择集团标准的安全文明施工设施族库布置，标准管理。

6.3.2 精准的全专业模型

在模型创建过程中，执行建模人自检、团队成员互检、公司系统专检的“BIM三检制”，确保BIM模型与施工图纸、项目实体的吻合，模型精度大于LOD400。

钢筋模型

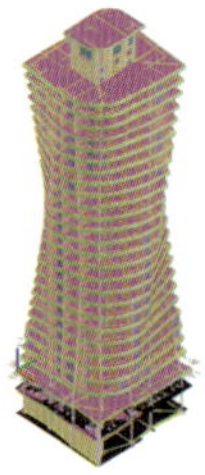
土建模型

机电模型

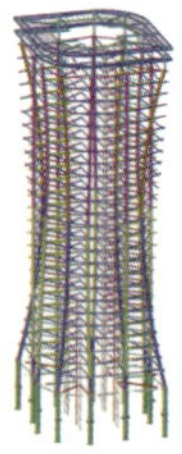
钢构模型

幕墙模型

6.3.3 辅助图纸会审

BIM 模型的创建过程是建筑工程模拟建造的过程，也是图纸的梳理过程，在短时间内按照设计图快速建立模型，及时发现设计图纸问题，并第一时间反馈给甲方、设计院进行修改，提高多方沟通效率，签字确认图纸会审材料作为施工依据，保证施工质量和进度要求。该项目通过 BIM 技术辅助图纸会审，发现建筑、结构、机电等专业图纸问题共计 501 项。

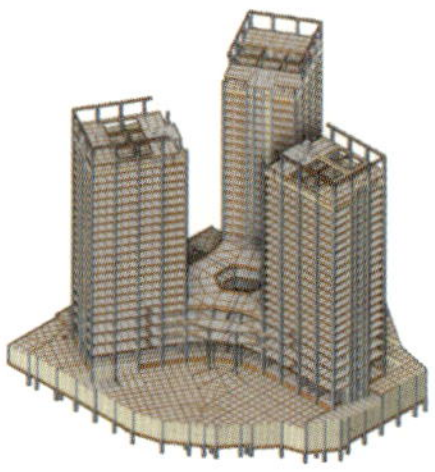

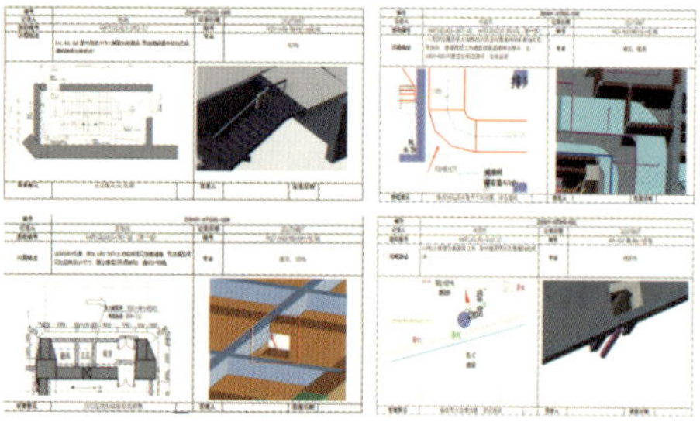

6.4 深化设计

6.4.1 基于 BIM 技术的钢结构深化设计

原设计钢柱与混凝土梁钢筋的连接采用开椭圆孔的形式，在建模时发现梁钢筋穿孔在同一水平面，施工作业难度大且工效低。通过可视化节点优化和数值模拟计算，将连接方式变更为焊接钢筋的形式。

变更前节点

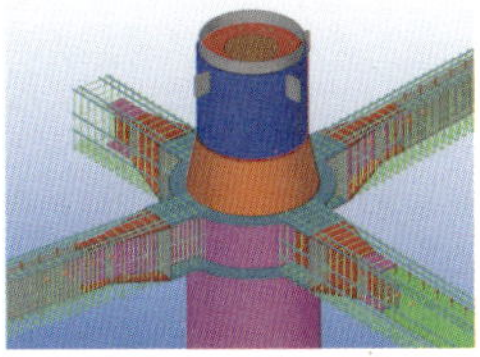

变更后节点

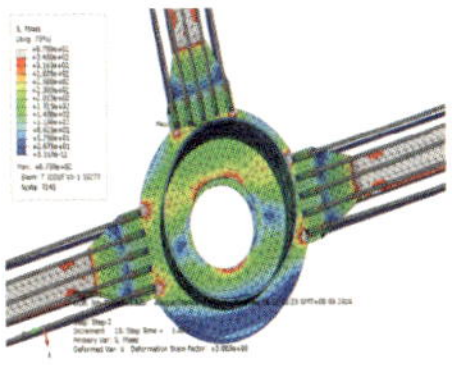

节点计算模型

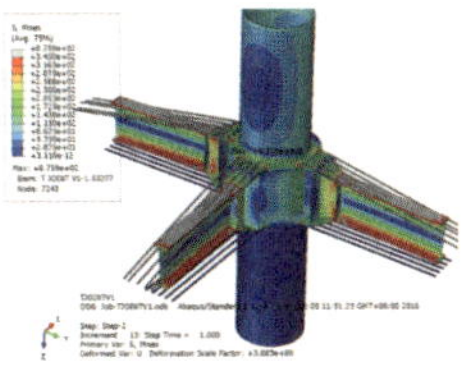

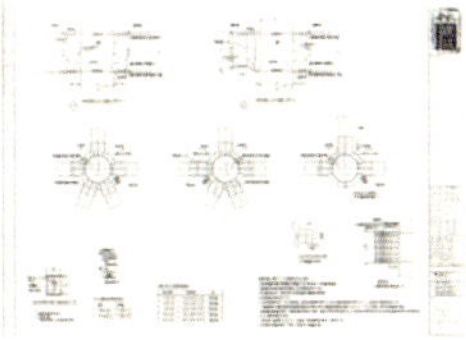

设计变更文件

现场施工作业

6.4.2 基于 BIM 技术的幕墙深化设计

1~6# 楼异形幕墙复杂多变，二维图纸很难发现空间中的冲突，通过整合结构和幕墙模型，使用 Navisworks 检查发现干涉 386 处，协调设计修改碰撞位置的节点构造，避免了后期返工的损失。

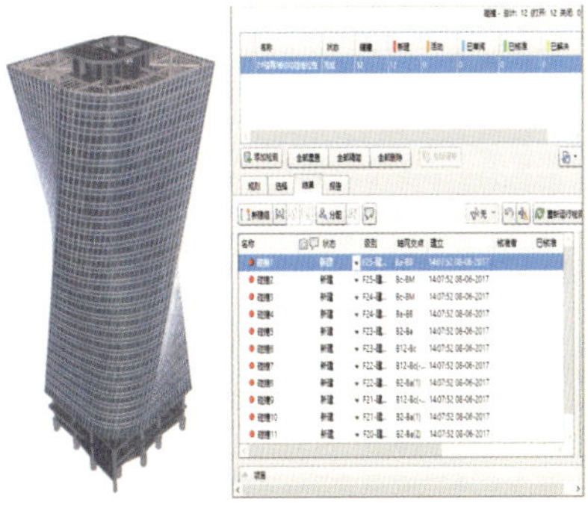

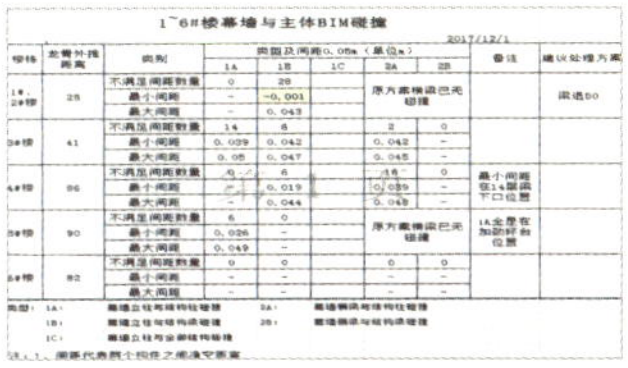

1~6#楼幕墙与主体BIM碰撞

2017/12/1

楼栋	龙骨外推距离	类别	类型及间距0.05m（单位m）					备注	建议处理方案
			1A	1B	1C	2A	2B		
1#、2#楼	25	不满足间距数量	0	28		原方案横梁已无碰撞			梁退50
		最小间距	-	-0.001					
		最大间距	-	0.043					
3#楼	41	不满足间距数量	14	6		2	0		
		最小间距	0.039	0.042		0.042	-		
		最大间距	0.05	0.047		0.045	-		
4#楼	66	不满足间距数量	0	6		18	0	最小间距在14层梁下口位置	
		最小间距	-	0.019		0.039	-		
		最大间距	-	0.044		0.048	-		
5#楼	90	不满足间距数量	6	0		原方案横梁已无碰撞		1A全部在加劲环台位置	
		最小间距	0.026	-					
		最大间距	0.049	-					
6#楼	82	不满足间距数量	0	0		0	0		
		最小间距	-	-		-	-		
		最大间距	-	-		-	-		

类型：1A：幕墙立柱与结构柱碰撞　2A：幕墙横梁与结构柱碰撞

1B：幕墙立柱与结构梁碰撞　2B：幕墙横梁与结构梁碰撞

1C：幕墙立柱与全部结构碰撞

幕墙框架模型与结构模型碰撞检查

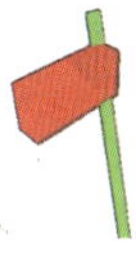

龙骨与梁碰撞

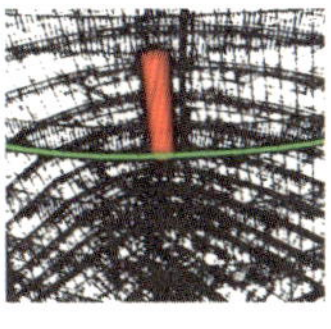

龙骨与柱碰撞

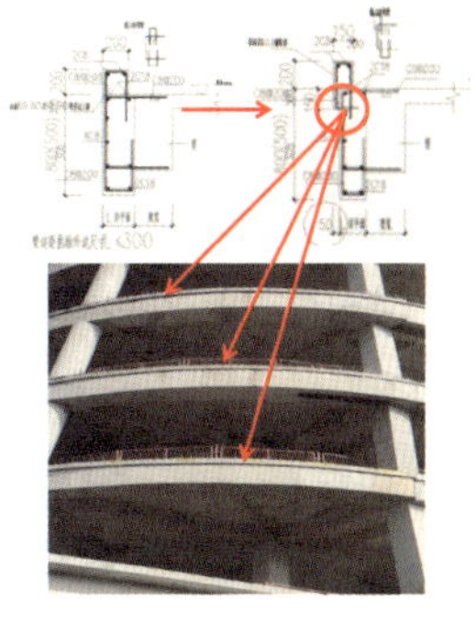

设计变更与现场实施

6.4.3 基于 BIM 技术的机电深化设计

该项目地下室体量大，并设计结构放坡，利用 BIM 技术的可视化和集成化优势，综合调整管线排布，优化地下室的净高。主体施工前完成各部位预留洞口定位深化，避免事后凿洞。

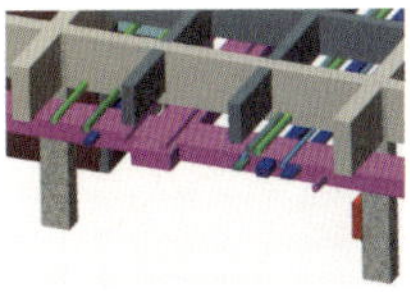

BIM 管综前

BIM 管综后

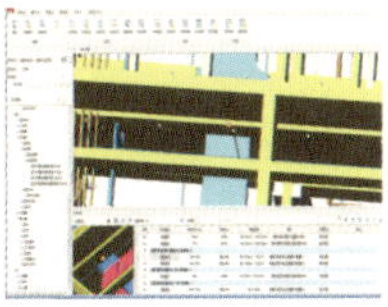

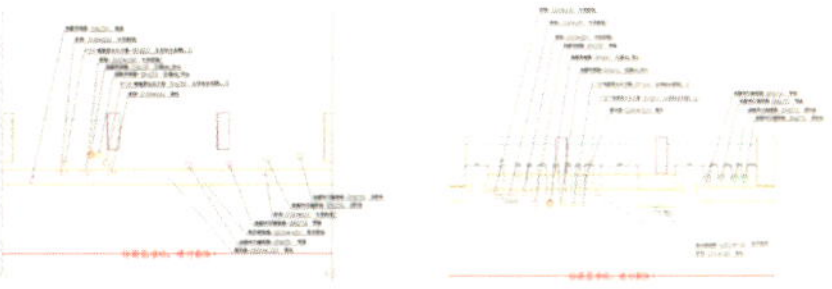

管线排布美观整洁，提高净高空间

6.5 组织优化

6.5.1 外脚手架方案 BIM 模拟

1~6# 楼建筑结构扭曲，常规外架无法施工，技术人员在 Revit 系统里对脚手架的悬挑工字钢、杆件进行可视化精细排布，并用 SAP2000 软件对架体的安全性进行分析计算，导出工字钢端点及立杆的坐标数据，采用放线机器人快速定位，确保方案执行效果。

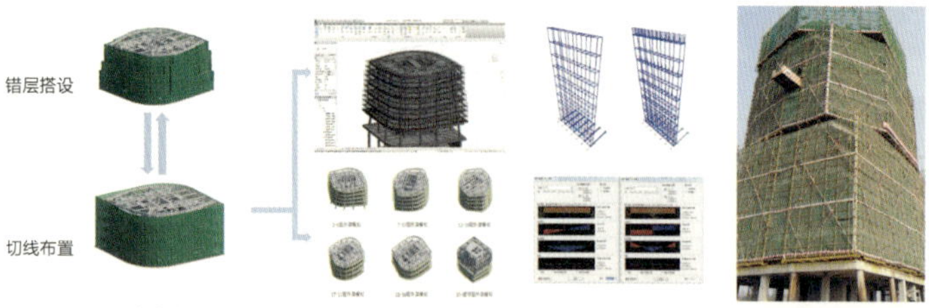

方案比选　　精细排布　　受力分析　　搭设施工

6.5.2 基于 BIM 的质量样板策划

施工样板示范区是公司项目的标准化区域，平面施工图方案很难将施工样板区形象完整地表现出来。利用 BIM 技术，将施工样板的所有细节提前设计，完整展示，能够帮助技术人员提前做好样板策划，同时能减少实体样板的经济投入，确保施工质量，降低施工成本。最后通过 Revit 出具平面、立面、剖面施工图，在现场标准化实施。

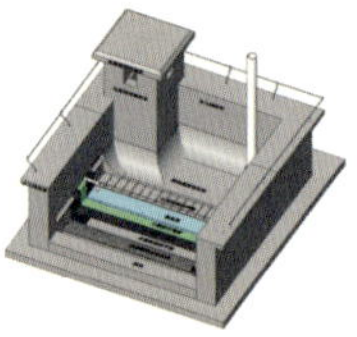

屋面细部节点 BIM 样板策划

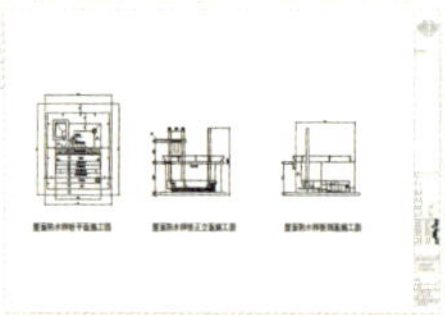

出图指导施工

屋面细部节点样板现场做法

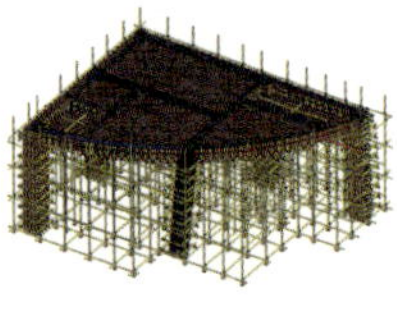

主体结构施工 BIM 样板策划

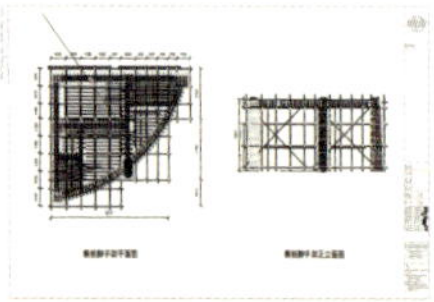

出图指导施工

主体结构施工样板现场做法

6.5.3 施工场地总平管理

在运用 BIM 技术进行场地规划时，充分考虑了钢结构吊装需求、地下室结构梁位置以及场地周边建筑物对塔吊位置的影响，并综合临时设施使用功能以及场地高差等问题，使得场地布置更加科学合理。

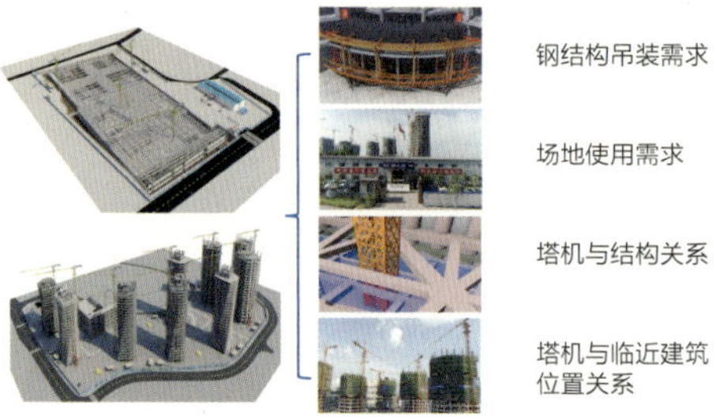

CI 形象策划

6.6 进度管理

（1）将模型与总进度计划、月度计划、周计划精确关联（详细到各流水分区的墙、梁、板柱施工）。

（2）通过将施工进度与进度管理平台关联，当现场实际施工进度较计划进度滞后时，BIM 模型将滞后计划的楼层以红色提示，跟上进度无特别颜色显示提示，超前完成计划显示绿色提示，这样有助于提醒管理人员注意进度控制。

（3）当工期出现滞后的情况时，现场可以及时发现并制定相应的纠偏措施，还可以准确判断滞后工程量，以便迅速调整人员、材料、机械配置计划，科学合理地安排各工序间的组织。

（4）利用 Luban Plan 进度管理设置重要节点任务，实现进度管控精细化。

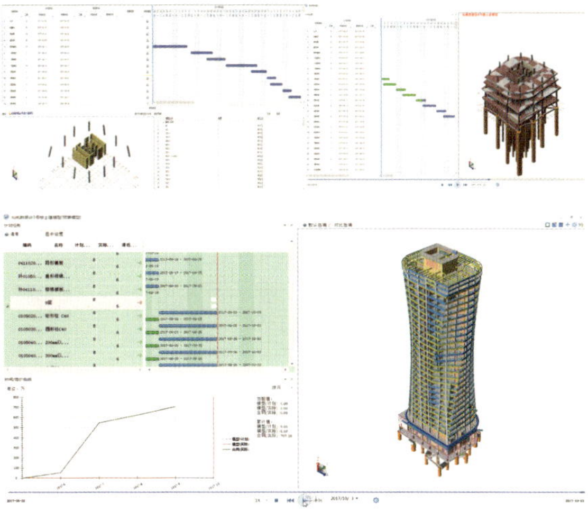

进度计划与 BIM 模型关联

6.7 成本管理

6.7.1 资源分析

公司的 BIM 云平台集成公司项目的经济技术指标，将收入价与成本价导入进行分析；再与工程实际进度匹配，自动生成本月实际完成工程量及进度产值。

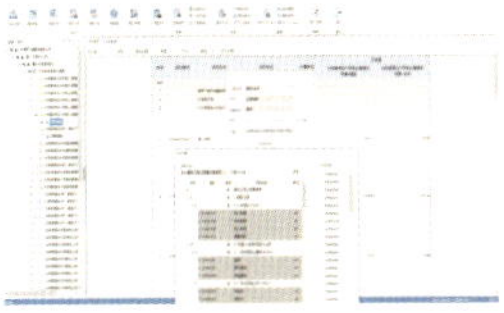

匹配清单

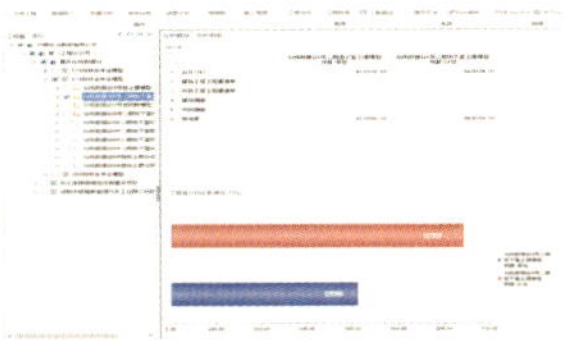

盈亏分析

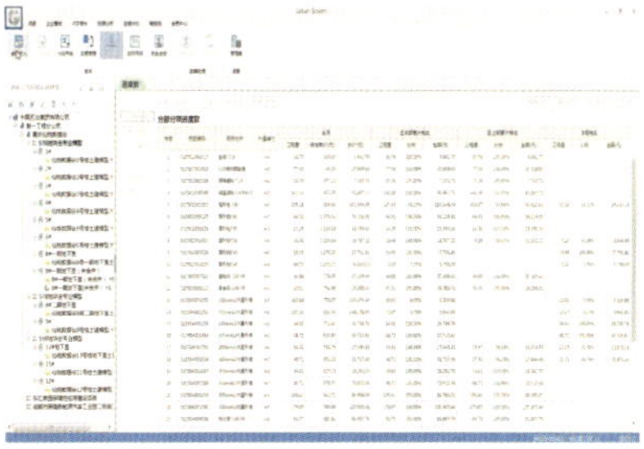

实际完成工程量和进度产值

6.7.2 材料物资管理

基于管理平台按施工进度快速提取工程量，全面审核工程部材料计划。项目部在钢筋材料管理方面，每月基于 BIM 模型审核材料计划，分析实际用量，严控材料出口量。

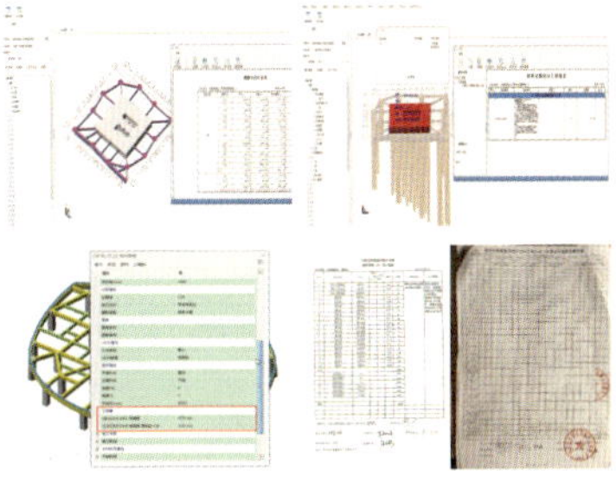

材料管理

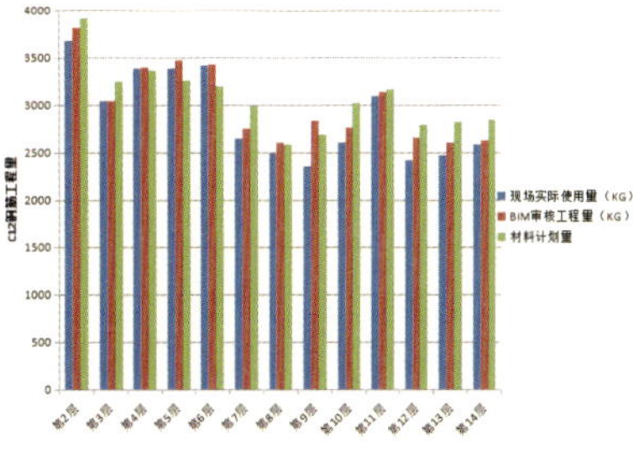

材料三算对比

6.8 辅助施工

6.8.1 钢结构空中连廊提升施工模拟

首先将钢结构和土建模型整合，发现连廊提升与下部五层裙楼存在冲突需调整施工组织，并且在地下室顶板拼装连廊时需将荷载反馈设计，主体结构施工前对结构配筋进行了增强。采用 Midas 等有限元分析软件对提升方案进行分析，模拟提升过程中的各种工况，确保结构受力安全。

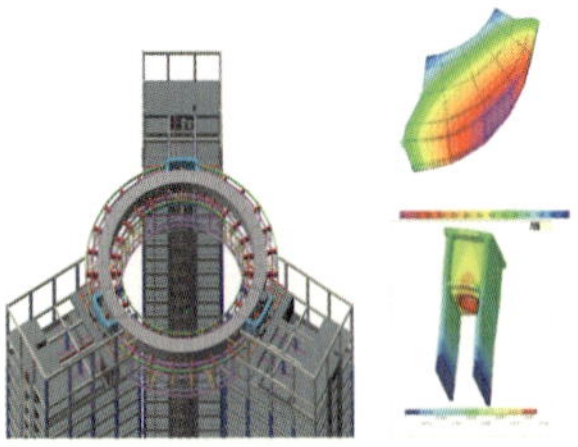

有限元分析

第一步：顶板搭设胎架拼装连廊

第二步：提升 100mm 静置观察，检查后拆除胎架

第三步：以 4.5m/h 的速度整体同步提升钢连廊

第四步：连廊提升就位，拆除提升器及临时结构

6.8.2 幕墙数字化加工

对幕墙系统建立参数化模型，提取模型导出单元板块加工图及加工指令，导入自动化数控加工设备，对异形单元板块构件进行数字化加工，保证加工准确度，提高加工效率。

板块拼接

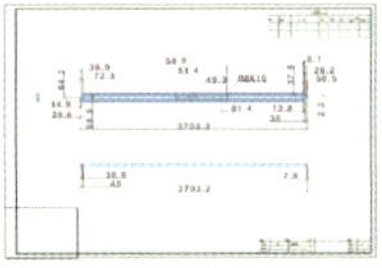

单元板块立柱加工图

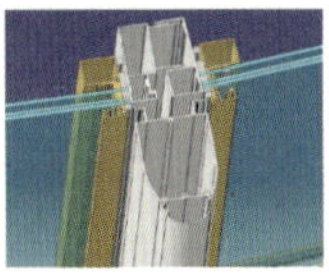

模型横剖节点

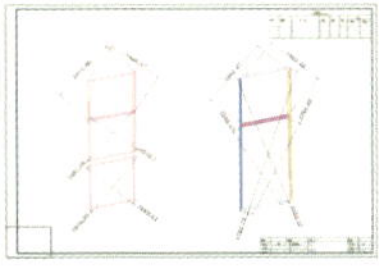

异形单元板块加工图

数字化加工

现场安装

6.8.3 质量安全协同管理

通过搭建 BIM 移动应用平台，将查验、整改、销项的闭合流程搬到移动平台上，打造了一套“分工明确，高效融合”的工作体系，大大提高了管理效率。该体系能够对每一个问题点实现精细化管控，全面掌控工程质量、安全问题，有效确保了工程的顺利实施，加强了施工的信息化管理水平。

BIM 移动客户端协同管理

隐患问题与模型轻松关联，帮助快速准确定位

6.8.4 危险源识别与部署

通过 BIM 模型，提前查找临边洞口危险源的分布情况，模拟临边洞口的安全防护措施，并对现场进行安全交底，合理部署，降低安全风险。

危险源提前判断

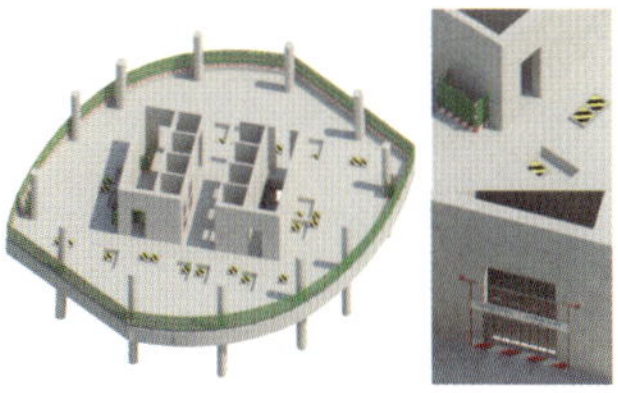
标准化部署

6.8.5 钢筋节点可视化交底

按照梁柱及钢结构的节点大样调整梁的位置排布并进行优化，确保梁的纵筋能够顺利地从柱纵筋间穿过，更加形象具体地指导梁柱与钢结构节点的施工。钢筋节点上传 BIM 管理平台统一储存管理，项目参建各方可以随时调用节点文件，确保钢筋节点施工质量。

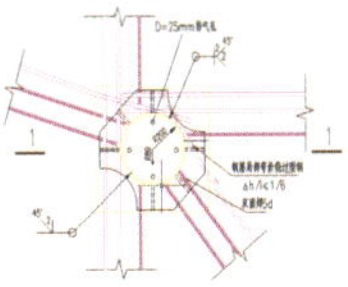
平面图纸

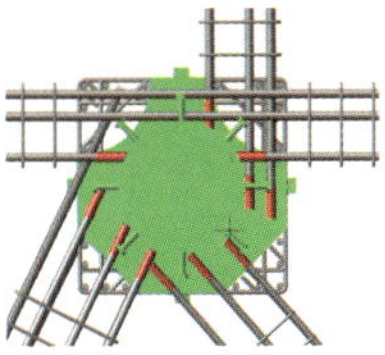
钢筋调整

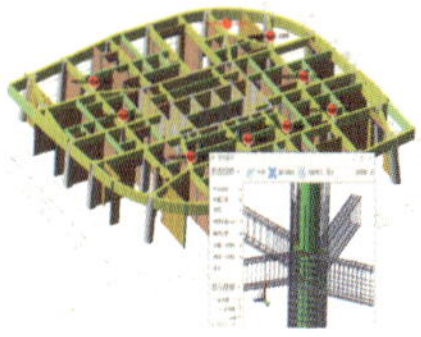

现场施工

三维交底

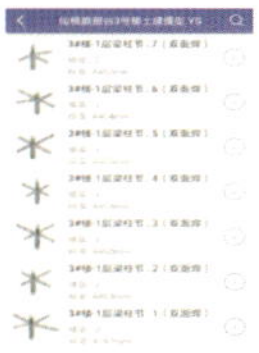
节点文件在平台随时可调用

6.8.6 机电管线综合调整方案交底

BIM管线综合排布 → **管综模型多方交底** → **出具剖面图/平面图** → **分包、班组签字确认** → **现场指导施工**

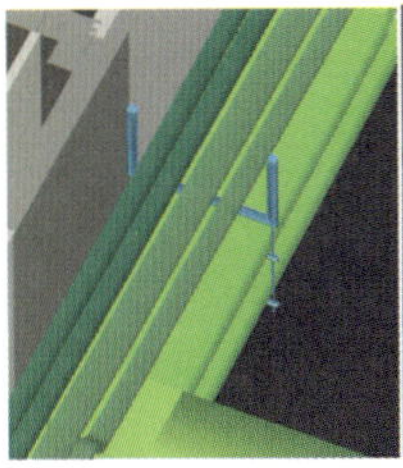
基于 BIM 技术结合专业规范对管线进行合理排布，同时确定综合支架方案

组织甲方、设计、施工、监理单位进行模型交底，各方予以确认

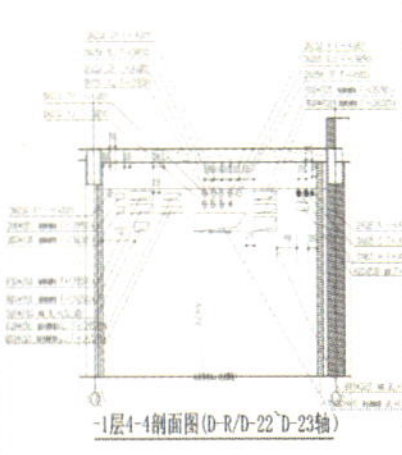
出具剖面图 / 平面图，进行深化，便于后续指导施工

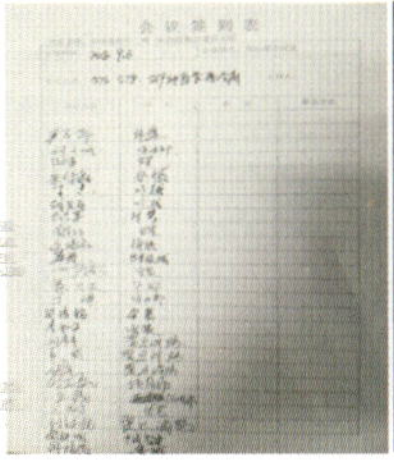
召开分包、班组交底会议，签字确认，按图施工

支架、管道预制加工，图纸现场张贴，指导施工

6.9 创新应用

6.9.1 BIM+VR 提升建筑品质

长久以来，建筑行业存在两个痛点：一是建筑效果未知；二是工程质量难以控制。BIM+VR 的使用，提供了沉浸式体验，加强了可视化及交互功能，能最大限度地展示未来的施工效果是否达到设计者的期望，让建筑触手可及。项目在管线综合、精装修方面大力推进了该项技术的应用。

BIM+VR 管线综合

虚拟装饰样板间

6.9.2 BIM 测量机器人放线

通过莱卡插件在 Revit 模型中布置 4 个测量控制点及外围轮廓折点坐标点，并导出 dxf 和 xml 数据。坐标数据导入徕卡全站仪，仪器读取模型数据自动捕捉棱镜，完成异形建筑外围轮廓折点放样，将每层放线时间从 6 小时缩短至 2 小时。

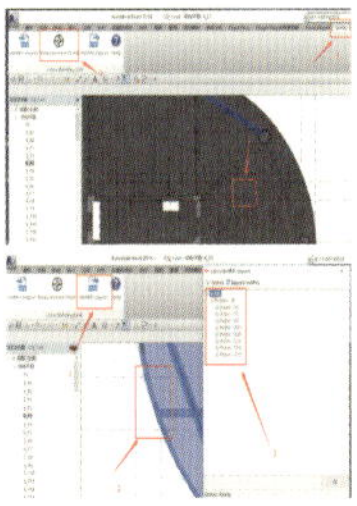

提取点位坐标数据

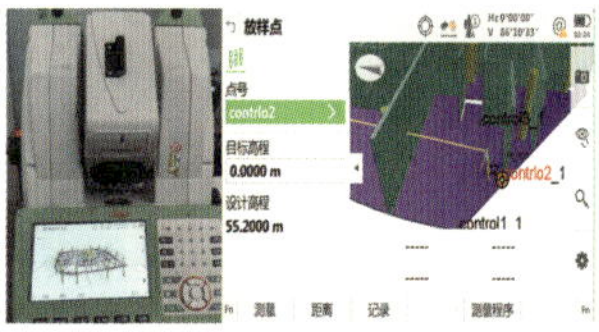

数据导入全站仪

自动捕捉棱镜

6.9.3 激光扫描技术

项目通过激光扫描结构实体，用 Infinity 软件对扫描数据格式进行转换，再通过 Cyclone 建立点云模型，将结构实体的数据再次和幕墙龙骨进行碰撞分析，避免土建施工误差对后续幕墙施工产生影响。

激光扫描结构实体

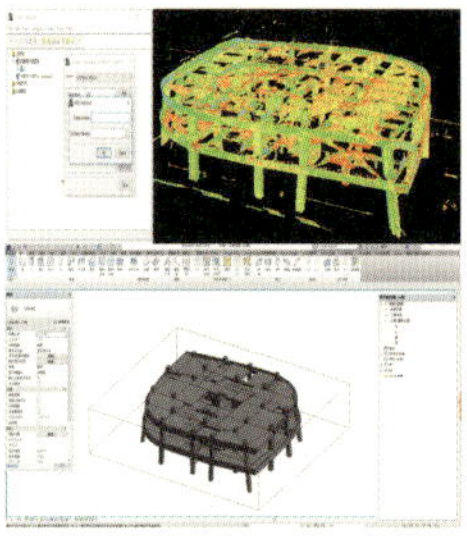

Cyclone 进行数据处理及建模

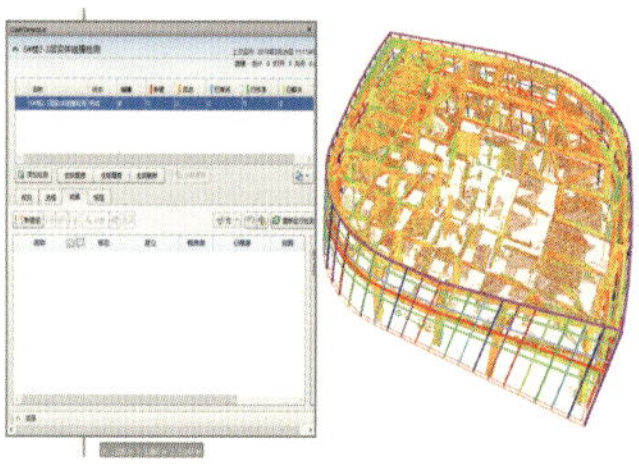

结构实体点云模型与幕墙框架碰撞分析

6.9.4 BIM+3D 打印

BIM+3D 打印将“小蛮腰”建筑异形空间精确地呈现出来，在一个详细的比例模型中可以方便探讨设计理念和施工工艺。一个 3D 打印建筑模型可以将设想和草图真实地、快速地表现出来，便于选取最佳方案。该创新方向正在向建筑业 + 人工智能领域探索，推动智能建造的发展。

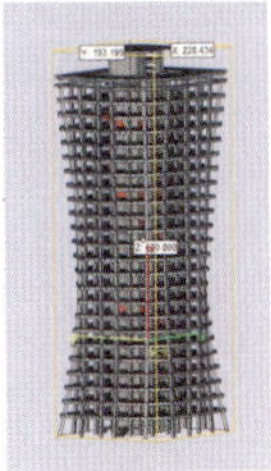

BIM 模型

STL 输出

3D 打印模型

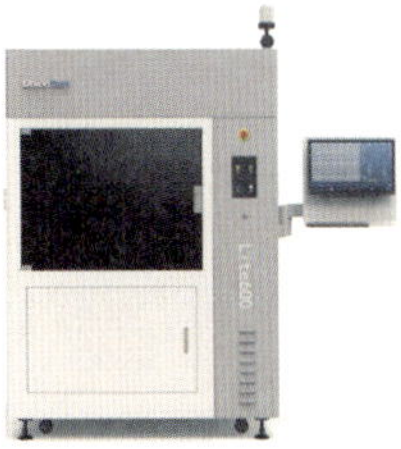

SLA3D 打印机 Lite600

6.9.5 机房全景应用

利用 BIM 技术对地下机房及车库进行管综优化排布，结合全景图，对排布布局及效果进行更便捷真实的展示及交底。

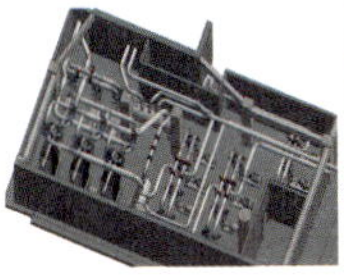

机房模型

冷水机房

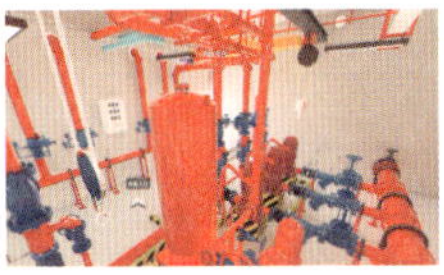

消防泵房

车库管线

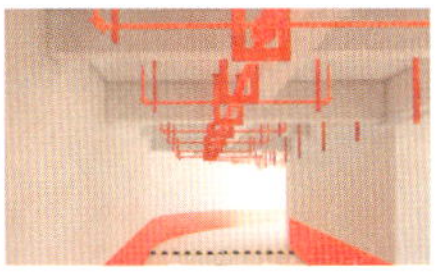

车库坡道

6.10 经济效益分析

6.10.1 幕墙与结构碰撞深化

项目在扭曲幕墙和结构施工中采用“双保险”措施，事前通过 Navisworks 软件整合幕墙和结构模型，提前发现幕墙龙骨与结构冲突 386 处；再通过激光扫描实体数据，确保土建施工误差不影响幕墙安装。

创效金额

序 号	项 目	节约费用
1	提前发现龙骨与结构冲突 386 处	11710 万元（幕墙总造价）× 5%=585.5 万元

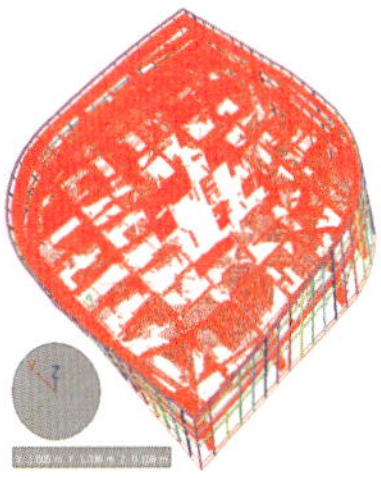

6.10.2 外脚手架施工方案比选优化

脚手架方案优化过程中，通过先进的可视化 BIM 技术，综合考虑空间因素，选取最优方案，并科学地布置工字钢和立杆位置，确保悬挑段高度最小 4 层、最大 5 层，减少各栋楼的悬挑次数。

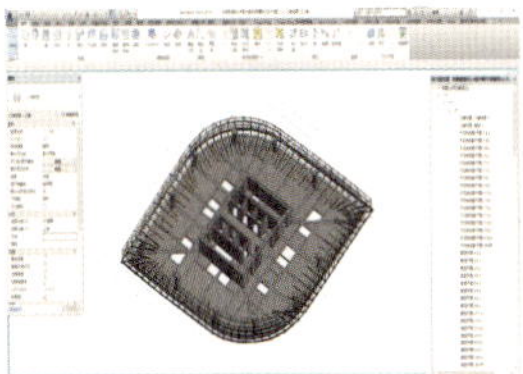

创效金额

序 号	项 目	节约费用
1	平均减少悬挑次数 3 次，节约工字钢材料 1020 米	1020 × 0.18（工字钢租金）× 150 × 6=165240 元

6.10.3 钢结构节点深化

在 Tekla 可视化环境下，通过数值模拟计算变更后钢筋与钢柱的节点连接方式，优化了钢梁的截面构造，节约钢材 297.92 吨，节约了资源。

创效金额

序　号	项　目	钢结构综合单价	节约费用
1	变更连接方式及钢梁截面优化，节约钢材 297.92 吨	9850 元 / 吨	297.92 吨 ×9850 元 / 吨 =2934512 元

6.10.4 管线综合排布优化

将各专业管线进行综合排布，解决机电管线冲突 1240 处，预留洞口与原设计预留洞口图相比减少二次开洞 239 处，节约费用 50.7 万元。

创效金额

序　号	项　目	节约费用
1	暖通风管	244.6（材料量）×84.62（综合单价）=20698.05 元
2	消防管道	1620.91（材料量）×114.41（综合单价）=185448.30 元
3	给排水管道	1116.5（材料量）×140.33（综合单价）=156678.45 元
4	桥架	619.1（材料量）×117.41（综合单价）=72688.53 元
5	预留洞口	239（材料量）×300（综合单价）=71700.00 元
6	合计	507213.33 元

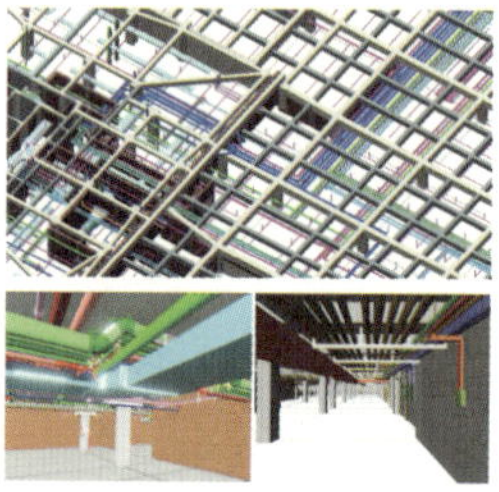

6.11 BIM 应用的社会影响力

该项目技术复杂、工期紧、标准高，同时是重庆市首批BIM技术应用的试点项目，BIM工作的开展受到业主、质监站、相关协会的广泛关注。项目的 BIM 工作组成员积极参加技术论坛、沙龙、成果展示及交流会，将项目的成功经验向社会各界分享推广，同时也学到了更加先进的理念、技术，取他长补己短，让项目及公司的 BIM 技术应用能力可持续性发展，蓄力推动 BIM 在施工阶段的落地应用。

2017 年 3 月，重庆市渝北区质监站相关人员听取 BIM 应用汇报，并对 BIM 技术应用水平给予了较高的评价，邀请项目 BIM 工程师到质监站开展培训。

2017 年 12 月，项目 BIM 负责人受邀在第十三届工程建设行业信息化高峰论坛分享仙桃数据谷 BIM 应用成果。

2018 年 7 月，项目 BIM 负责人在中国施工企业管理协会举办的中国建设工程数字建造高峰论坛就仙桃数据谷项目 BIM 应用情况做主题发言，并承办了本次 BIM 应用主题观摩会。

6.12 人才培养及下一步工作规划

6.12.1 团队建设

公司 BIM 发展以全员普及的人才建设思路为主线，为实现公司信息化管理及 BIM 集成协同工作奠定基础，有效提升了公司 BIM 模型创建和综合应用水平，对公司的精细管理提供了强有力的支撑。下一步还将建立建造过程 BIM 科研探究的学习机制，培养公司 BIM 团队主动、正向 BIM 应用的能力，帮助解决项目中的实际问题。

BIM 工程师培训

内部测评及项目应用宣贯

对外交流学习

6.12.2 激光扫描与装配式精装

该项目室内精装修标准定位高，计划在土建施工结束后对建筑主体进行三维激光扫描，根据三维扫描生成的点云数据可以分析施工偏差，并调整 BIM 模型，装饰材料采用工厂定制生产，现场安装，绿色环保。

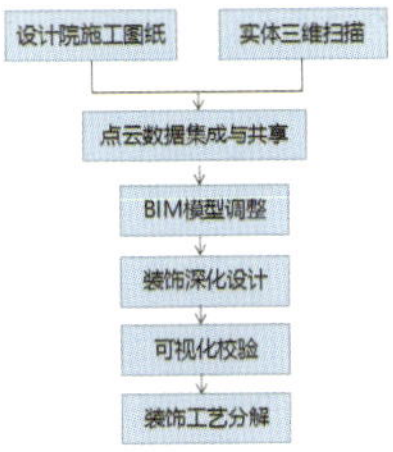

三维扫描辅助装饰深化设计路线

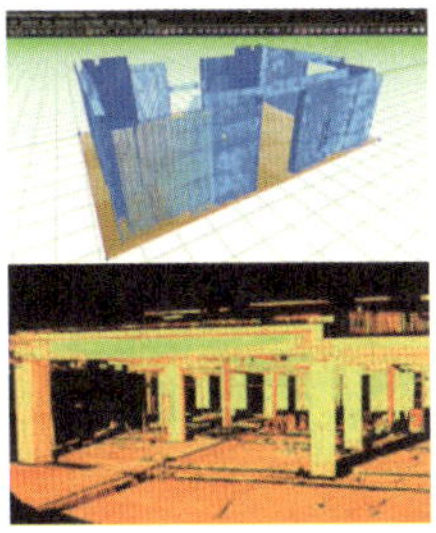

室内结构扫描

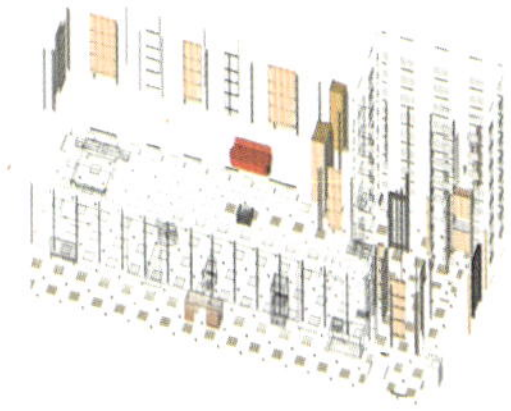

BIM 设计 + 模块化产品

6.12.3 模型交付与智慧运维

在工程竣工时，结合业主需求，将在现有平台基础上与研发单位联合完善智慧运维平台，完成竣工模型全部信息的集成交付，达到业主招标文件中的运维管理需求。

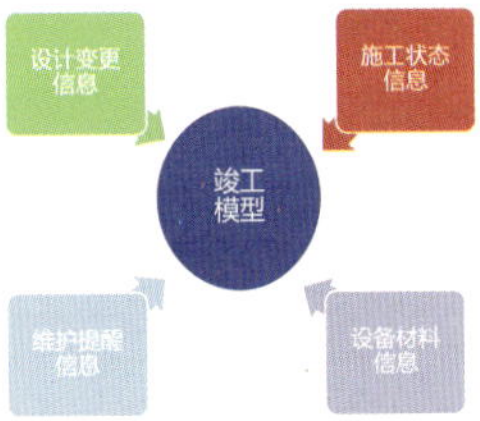

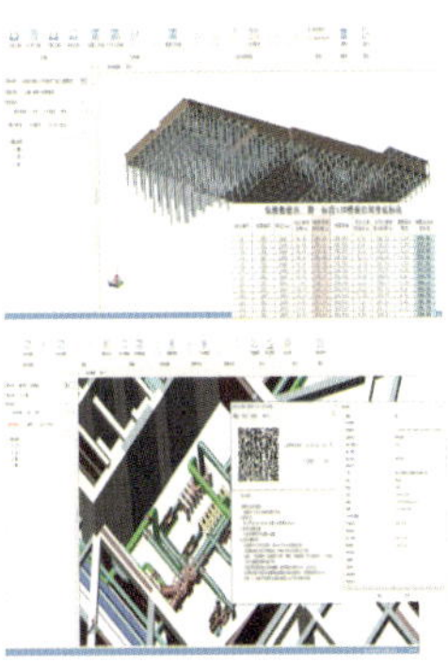

施工过程模型信息录入

园区智慧运维管理

7. 招商大魔方项目 BIM 数据集成与应用

7.1 项目概况

7.1.1 项目构成

办公楼

购物中心

公寓、酒店

小剧场

写字楼

整体业态

7.1.2 项目重难点

项目体量大，业态多；净高要求高；工期紧张；运维阶段应用延伸。

7.1.3 BIM 应用目标分析

应用目标：

优化净高，提升设计品质；进行人员疏散能力分析；进行工序预演，辅助施工提效；成本管控，辅助商铺销售；停车路线智能规划；设备管理。

价值目标：

提高应急疏散能力，保障后期项目运维；实现设备精细化管理，打造运维管理平台；停车路线智能规划，实现数字化楼宇管理。

7.2 BIM 应用

7.2.1 BIM 模型

全专业模型搭建包括建筑、结构、机电。

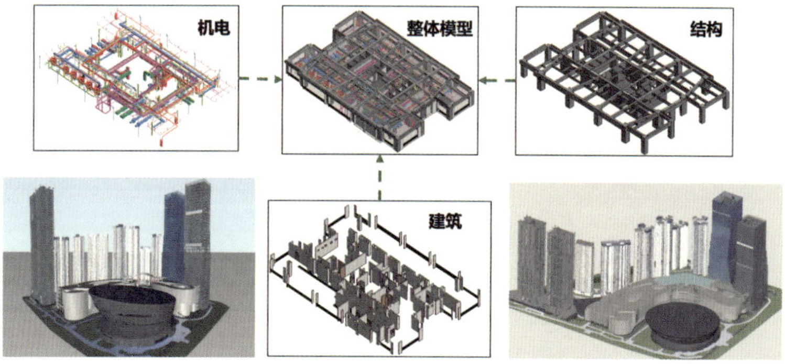

7.2.2 净高优化

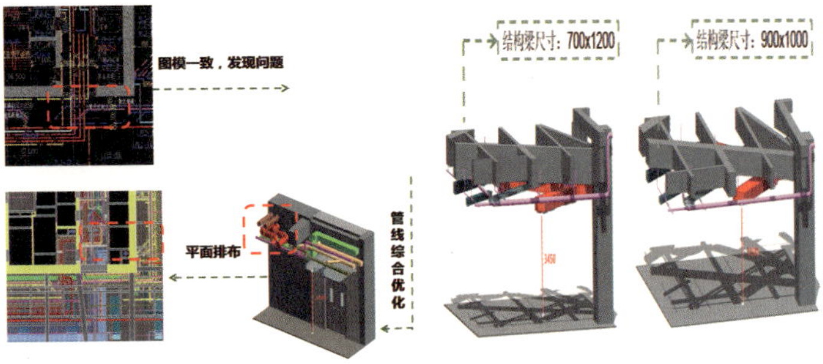

通过对结构梁截面尺寸的调整，使得净高提高了 150 mm。

7.2.3 商业人流疏散分析

（1）人流疏散时程分析。

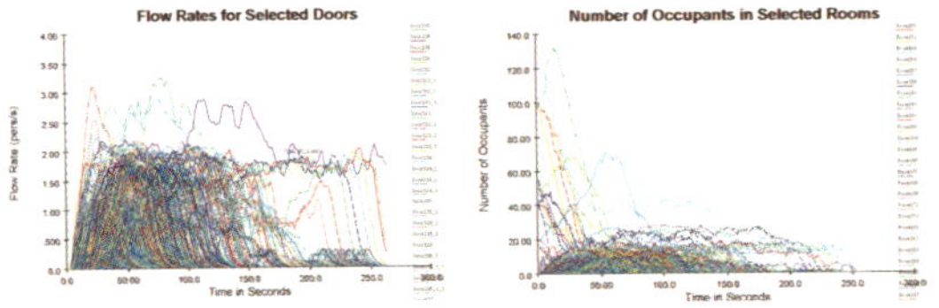

（2）楼层平面人员疏散分析。

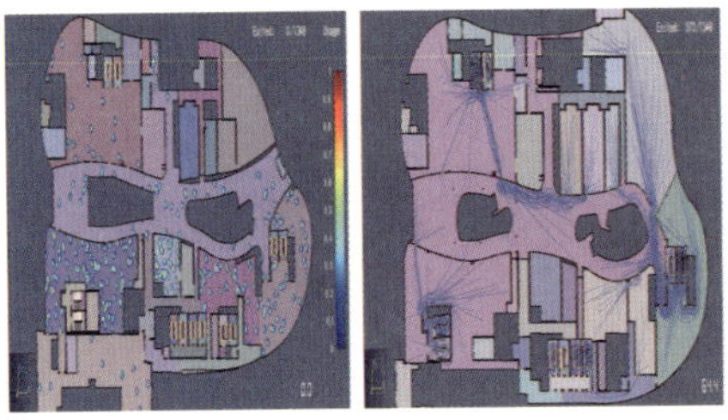

（3）楼栋纵向人员疏散分析。

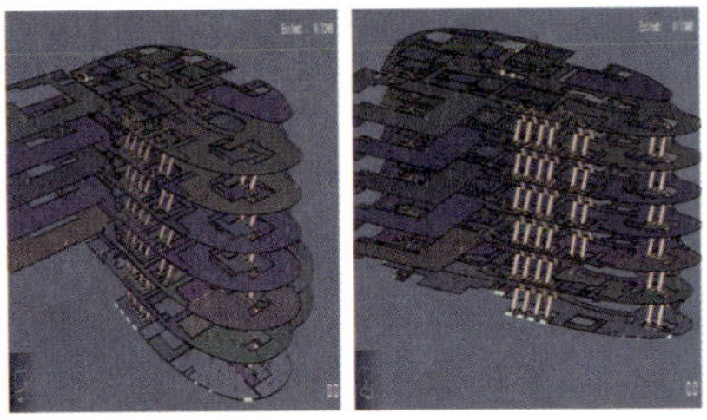

7.2.4 室外风速分析

冬季场地人员活动高度 1.5m 风速矢量图

冬季场地人员活动高度 1.5m 风速云图

7.2.5 建筑自然通风分析

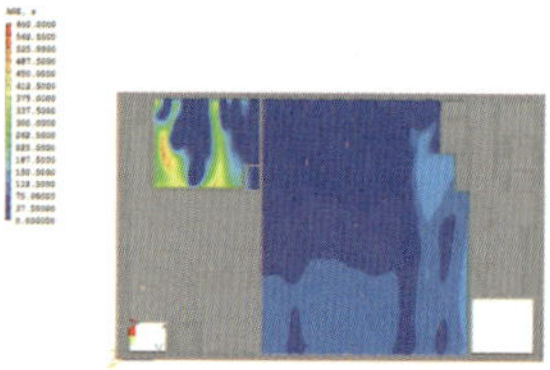

一层人员活动高度空气龄图

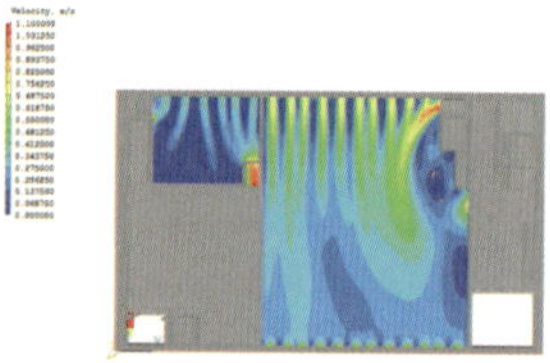

一层人员活动高度风速云图

一层人员活动高度风速矢量图

7.2.6 光照分析

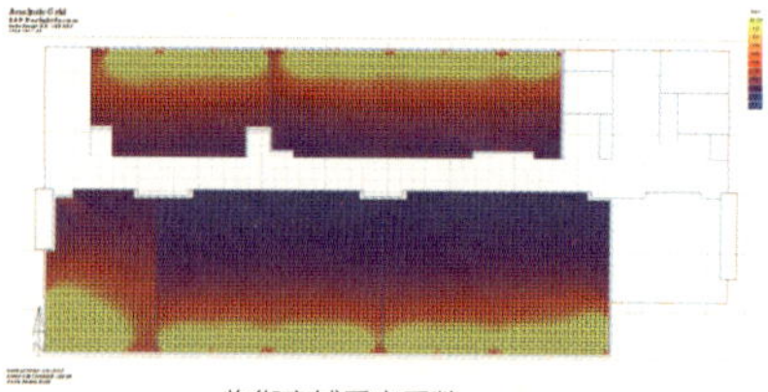

临街商铺采光系数

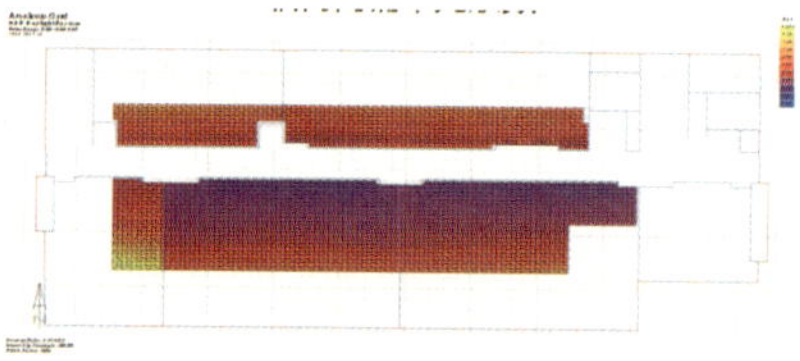

办公室采光系数

7.2.7 噪声分析

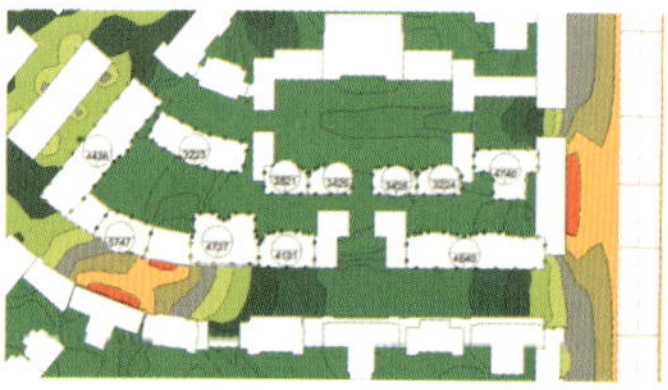

目标建筑表面噪声昼间最大值（dB）

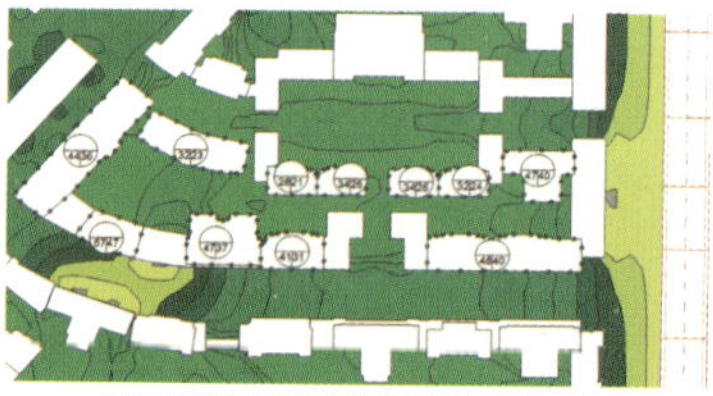

目标建筑表面噪声夜间最大值（dB）

7.2.8 工序模拟

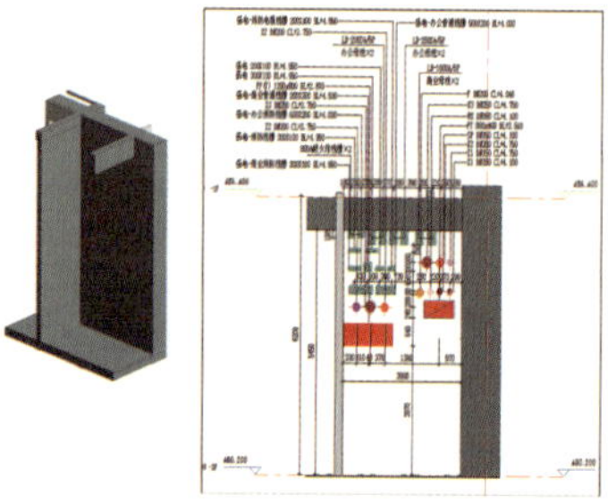

通过坡面找出最不利点，确定该区域净高

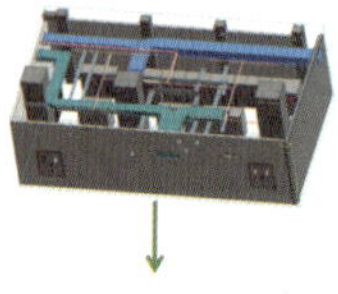

设备房管线安装

7.2.9 局部全景展示

扫描二维码

查看车位全景画面

7.2.10 商铺净高展示

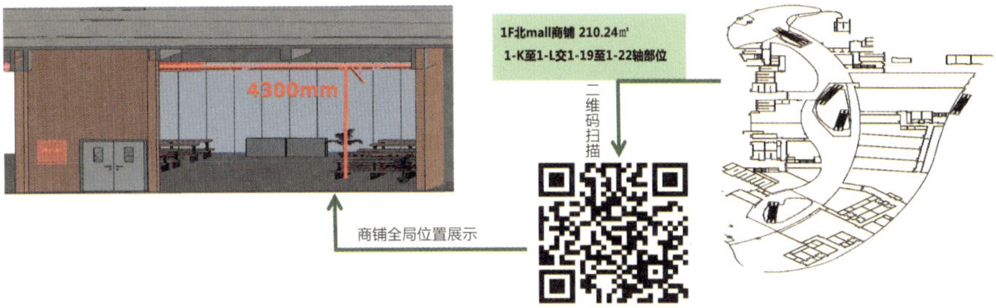

7.2.11 成本管控

（1）BIM 数据辅助物资采购。

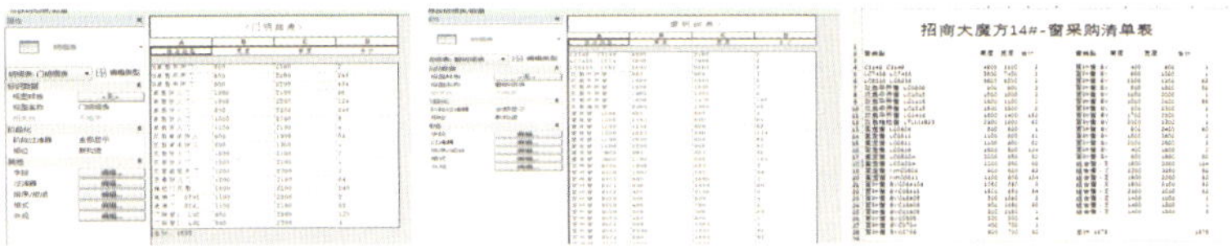

（2）BIM 模型辅助工程量清单出具。

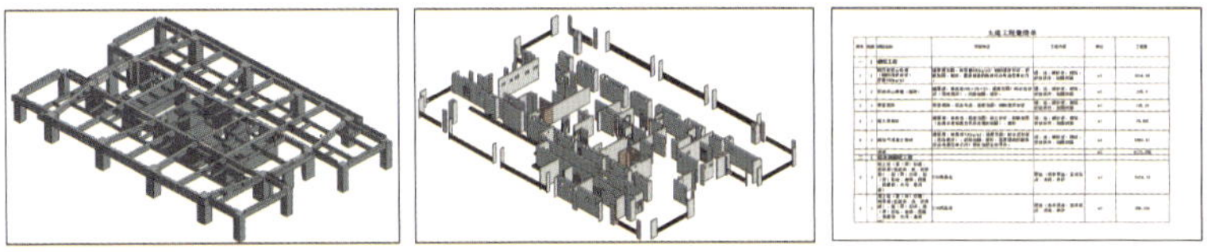

7.2.12 停车场智能导航

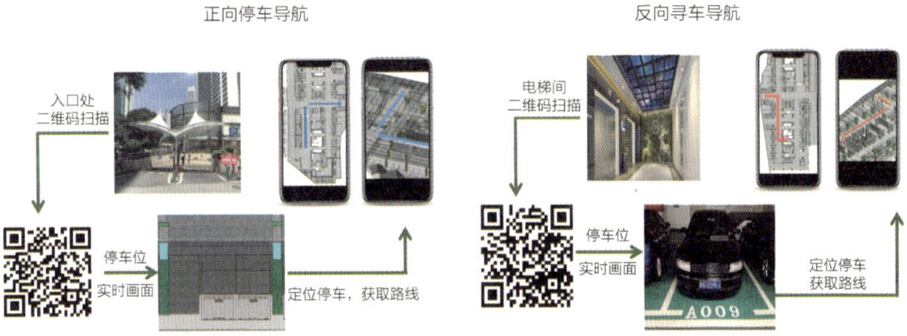

7.2.13 视野分析及空间体验

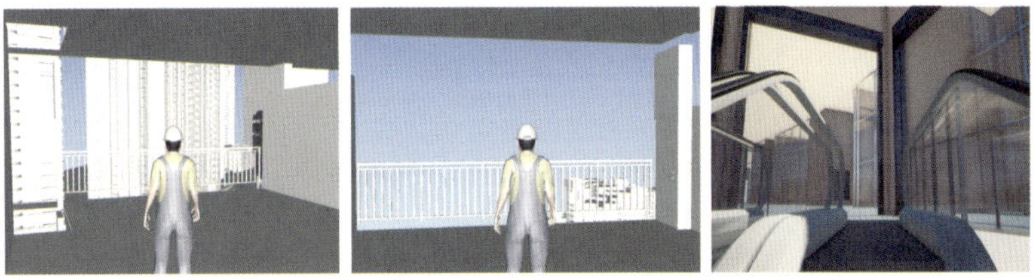

7.2.14 设备管理

7.3 应用价值分析

7.3.1 避免拆改造成的变更

项目设计院图纸未表达机电建筑洞口，或者标高有误，出现风管洞口大于 400mm × 400mm 的情况，洞口总计 3200 余个，每个造成变更费用 400 元，总计变更费用 128 万元。

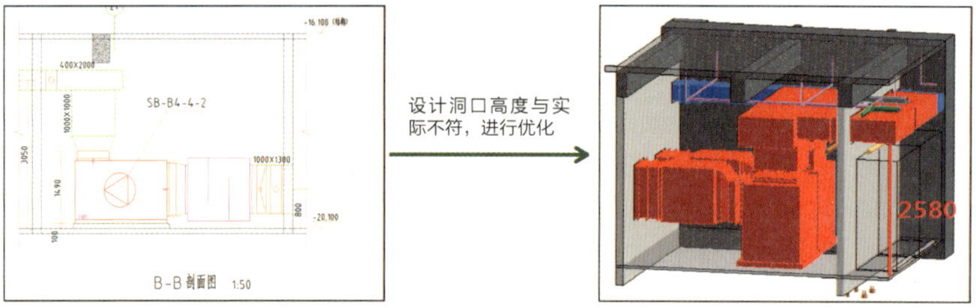

7.3.2 避免工程验收不通过风险

项目 14# 楼超高层总计 6 个避难层，其中 4 个避难层按原设计净高仅有 1.8m，不满足消防疏散要求。若变更，则会更改管道转换楼层，竖向管道安拆 24 层，60 根管道，总计 5097.6m，每米变更费用预计 200 元，两个单元共计 305 万元；为结构开洞预计 1400 余个（24 层每层 12 户，每户 5 根），每个单元 28 万元，共计 56 万元，最后总计节约 361 万元。

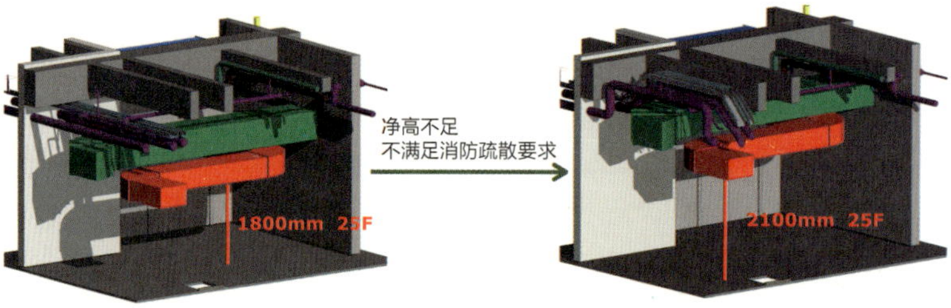

7.3.3 避免变更

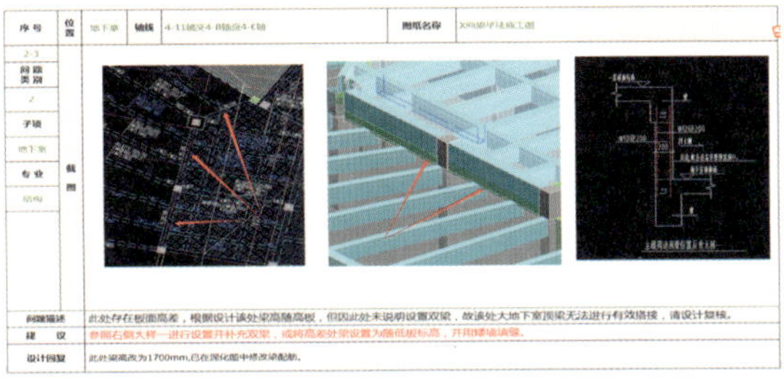

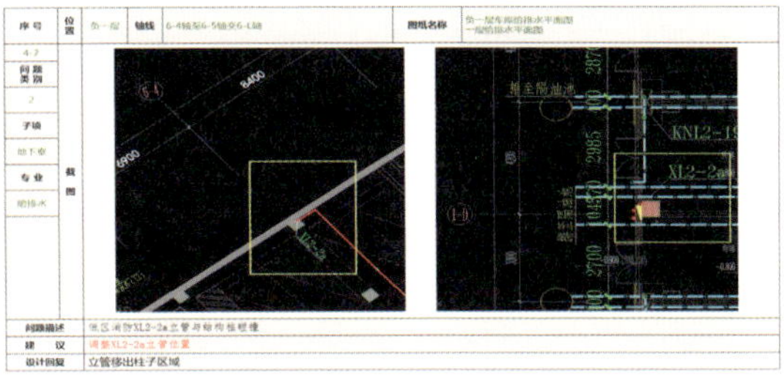

发现图面问题 400 余个，预计会造成变更问题 260 个：260（个）× 1（万元）= 260（万元）。

7.3.4 避免无效车位

不满足 2.2m 净高的车位 8 个，每个 15 万元，避免损失 120 万元。

可量化避免损失价值总计 869 万元。

7.3.5 不可量化价值

（1）辅助施工提效。

缩短项目协调时间，降低对现场施工人员的要求。按照模型施工，确保项目质量。

（2）缩短项目工期。

提前发现设计问题并协商解决，有效避免因设计问题造成返工情况。

（3）优化净高，提升项目品质。

9 号、10 号楼 15 万平方米办公区域净高提升 100mm；商业综合区一层 2 万平方米净高提升 600mm；14 号楼一层会所 1 万余平方米净高提升 400mm。

8. 重庆约克北郡三期项目 BIM 综合应用

8.1 项目概况

重庆约克北郡三期总承包工程位于重庆市两江新区照母山金州商圈中心。项目占地面积 6.3 万平方米，总建筑面积 43.9 万平方米，包括四层地下车库、六层商业裙楼和两栋 31 层 5A 甲级写字楼，总建筑高度 145.5m，是集高端写字楼、国际轻奢、亲子家庭、环球佳肴、室内瀑布及大型植物园为一体的超大型城市综合体项目。

8.2 BIM 团队及实施标准

8.2.1 BIM 团队

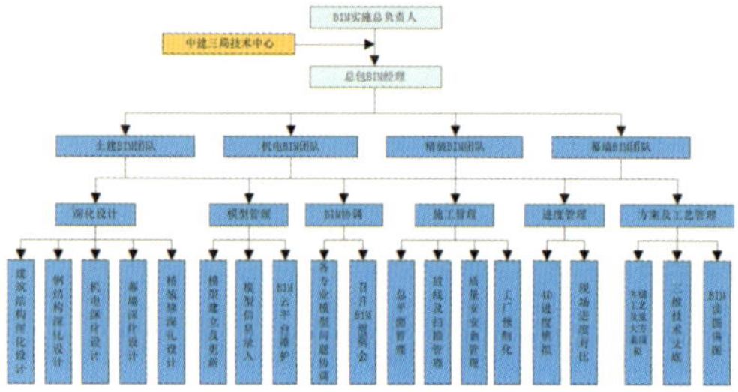

由技术研发中心作为技术支撑，项目总工程师担任 BIM 实施总负责人，设立总承包 BIM 专职经理。下设具有丰富特大型项目 BIM 实施经验的土建、机电、精装及幕墙等专业的 BIM 团队。

软件配置

序号	软件名称	软件用途
1	Tekla v.19.0	钢结构建模软件
2	Autodesk Revit 2016	建筑、结构、机电、幕墙专业三维设计软件；建筑暖通、给排水、电气、管线综合碰撞检查设计应用软件
3	Navisworks Manage 2017	三维设计数据集成，软硬空间碰撞检测，项目施工进度模拟展示专业设计应用软件
4	广联达场地平面布置软件	现场三维模拟，辅助施工部署，场地规划
5	ISBIM算量插件	土建工程、钢筋工程量预算软件
6	BIM云平台	项目协同管理云平台
7	FUZOR	施工动画制作、效果图渲染、模型应用
8	3Dmax	施工动画制作、效果图渲染

8.2.2 BIM 实施标准及流程

各专业 BIM 工作正式实施前，制定项目 BIM 实施标准，规定统一的软件平台、基点、标高及模型单位、精度标准、模型文件命名标准、系统配色标准、各专业数据交互要求等，确保各专业数据完美协同。

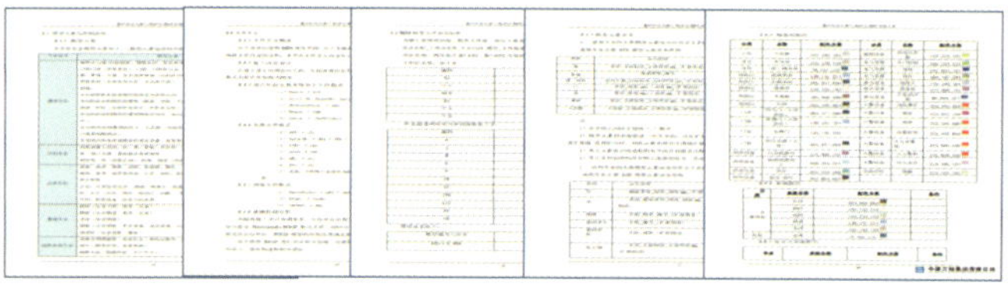

模型精度标准　文件交互标准　文件命名标准　元素命名标准　各专业配色标准

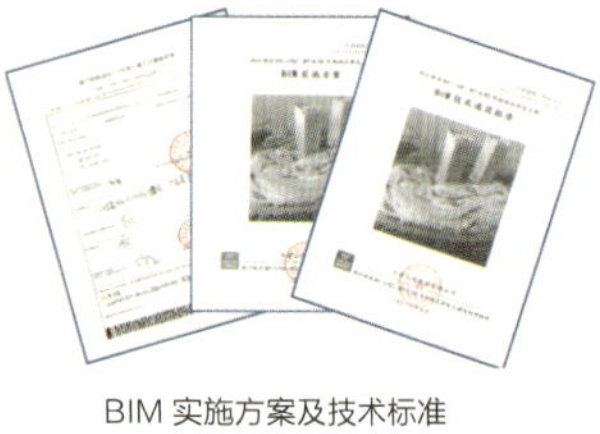

BIM 实施方案及技术标准

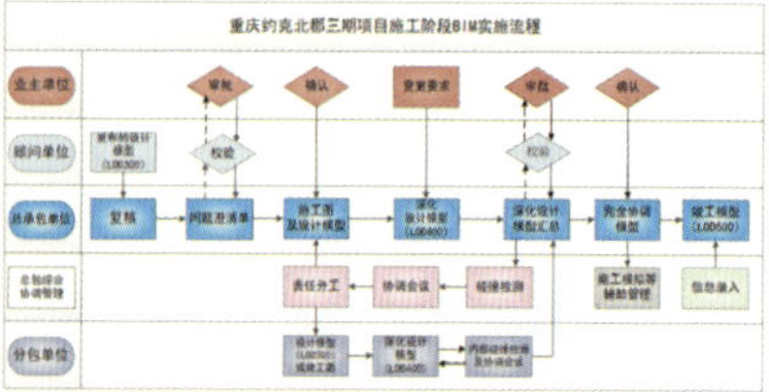

根据项目特点建立规范化的 BIM 管理流程，从 BIM 模型首次移交到最终竣工模型移交，为流程中每项工作制定信息交互要求和审核机制，确保各项工作有序高效进行。

8.3 BIM 应用

8.3.1 图纸审核及优化

该项目设计模型，精度 LOD300，由业主 BIM 顾问建立，经设计顾问审核通过后提交给施工单位，施工单位接收后通过不断深化，形成运维阶段可用的 LOD500 模型。

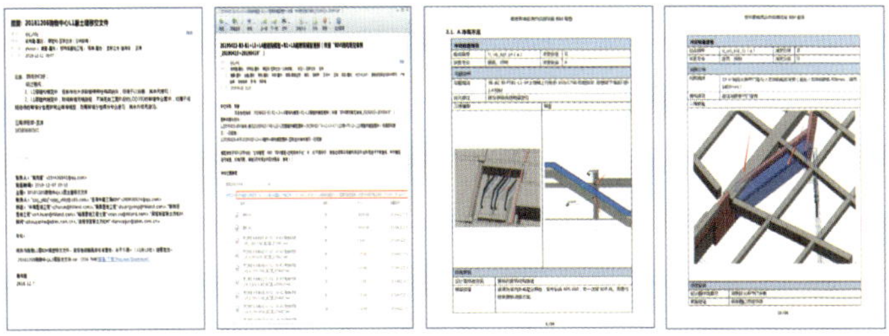

模型审核接收　　模型优化后发出审核　　问题碰撞报告

接收初设模型后，即开展图纸审核工作，利用 BIM 模型直观可视化特点，对设计图纸进行全面审核并提出优化建议，已快速高效提疑 300 余项以及优化建议 200 余项。

8.3.2 BIM 深化设计

一、钢筋深化设计

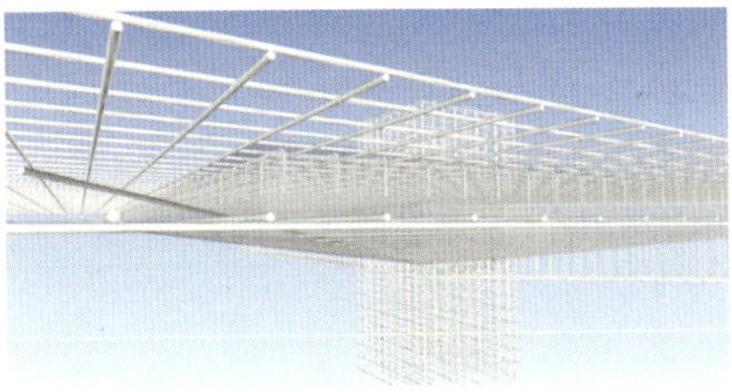

无梁楼盖柱帽钢筋深化

工程地下车库设计为无梁楼盖，异形柱帽钢筋锚固节点复杂，通过建立三维模型深化设计使其复杂节点形象直观、易于理解。

二、钢结构深化设计

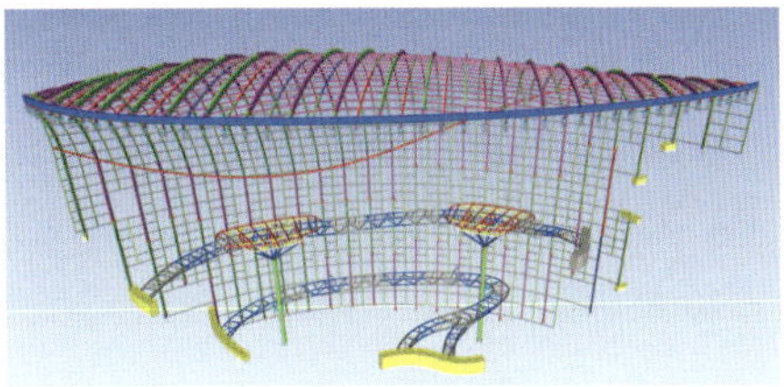

植物园穹顶深化

工程为 26 个排拱组成的双曲空间壳结构，造型复杂，运用 BIM 技术对抽象的设计图纸进行可视化深化设计及节点优化，形成可实施、可操作、可直观比选造型方案的三维模型。对深化完成的钢结构模型，采用工厂化预制加工，有效减少施工周期，降低施工难度。

三、综合机电深化设计

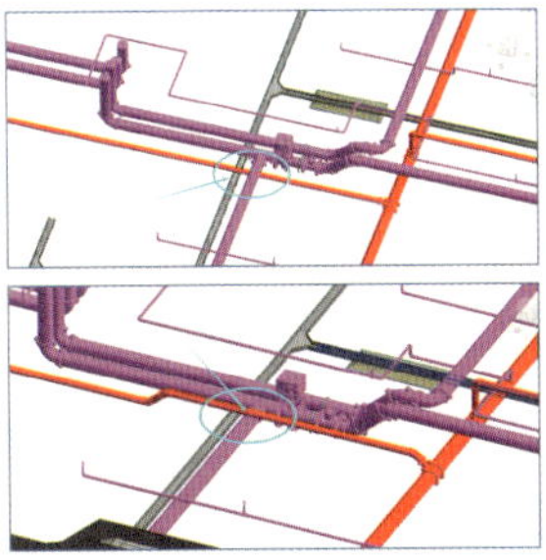

利用 BIM 技术对机电各专业进行管线综合深化设计，提前解决碰撞问题。

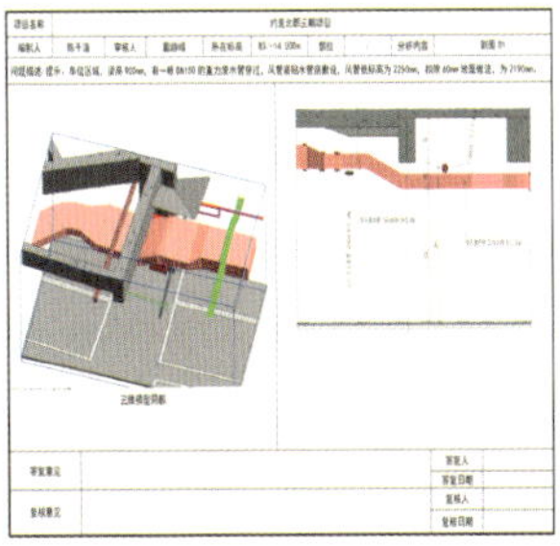

对结构进行净高分析，对不满足净空要求的区域提疑，提前解决净高问题。

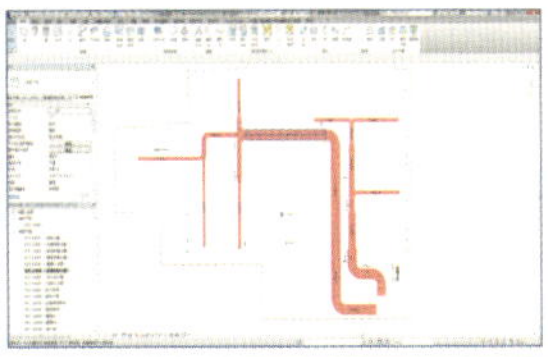

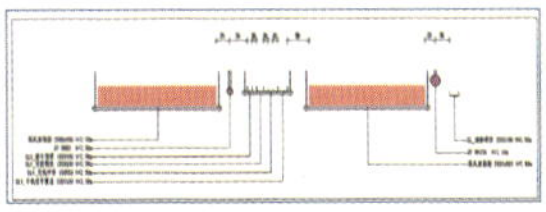

管线综合问题解决后，出具专业施工图及预留预埋深化图，减少现场返工。

四、幕墙深化设计

利用 BIM 可视化特点，辅助幕墙专业进行幕墙板块分隔，对复杂连接节点、材质及色彩调整等进行深化设计。

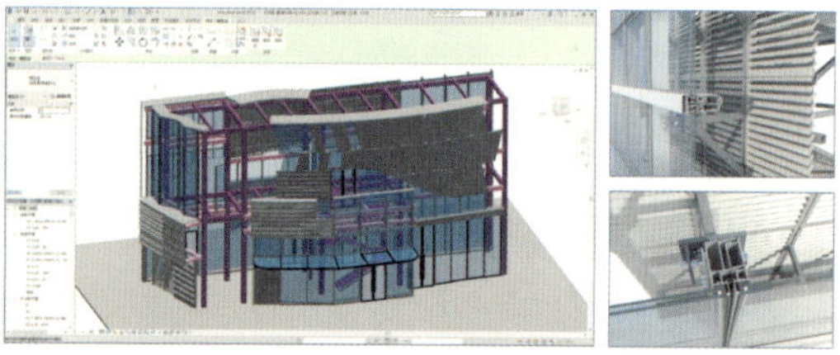

8.3.3 重大施工方案模拟

一、整体提升架方案模拟

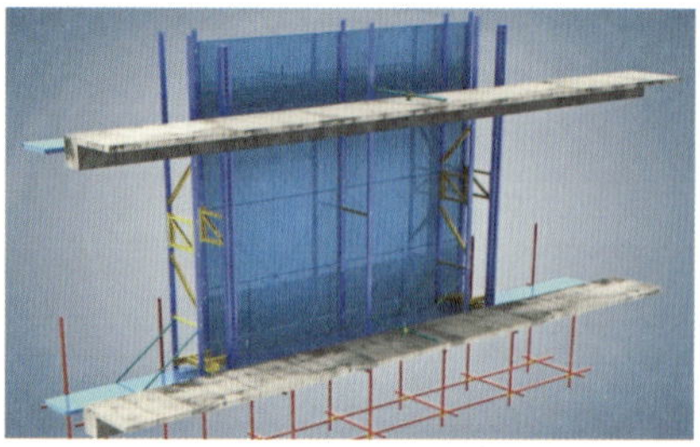

整体提升架施工方案模拟

该超大型商业综合体项目结构复杂，安全风险高，对施工方案编制要求极高，利用 BIM 技术辅助方案编制选型。

二、基坑施工方案模拟

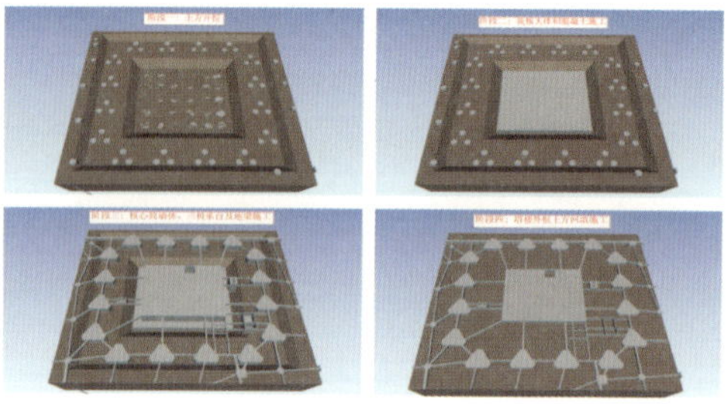

塔楼坑中坑施工方案模拟

该项目工期紧，为确保塔楼施工如期履约，利用 BIM 模拟坑中坑施工顺序，缩短工期，并用于现场三维交底。

三、机电大型设备吊装模拟

裙楼大型设备吊装

塔楼大型设备吊装

该项目大型设备众多，为确保设备的顺利安装，利用 BIM 技术对吊装方式、线路进行模拟，提前预留吊装洞口，优化塔吊及施工电梯选型，避免后期开洞，确保结构安全，节约成本。

四、植物园钢结构吊装模拟

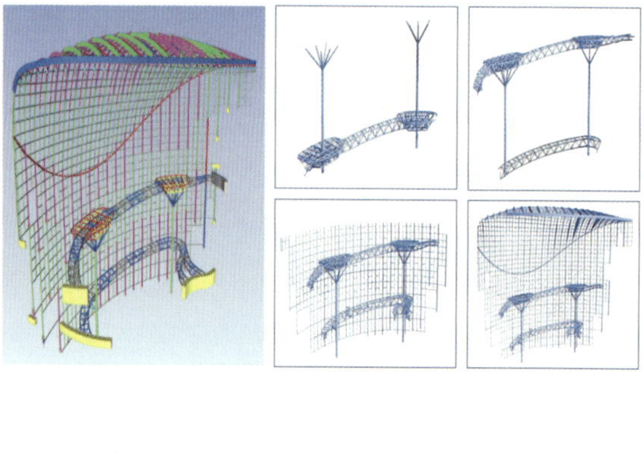

该项目植物园穹顶为 26 个排拱组成的双曲空间壳结构，造型复杂，运用 BIM 技术模拟钢结构吊装，验证方案的可实施性。

8.3.4 施工总平面管理

项目地下车库设计为无梁楼盖，周边场地地形复杂狭小，运用 BIM 模型对现场施工总平面进行可视化管理，对临建设施、场内临时道路、塔吊设备、材料加工房及堆场等进行科学合理布置。

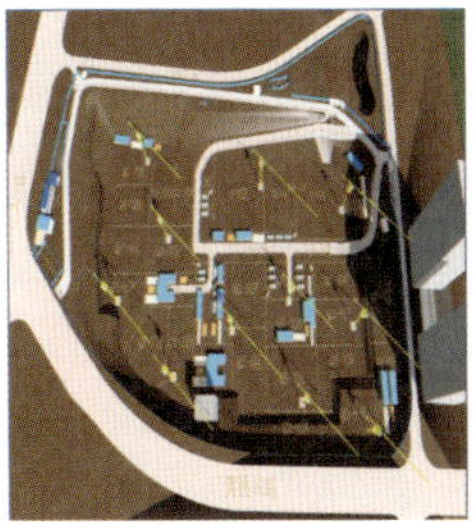

地下室施工阶段总平面布置

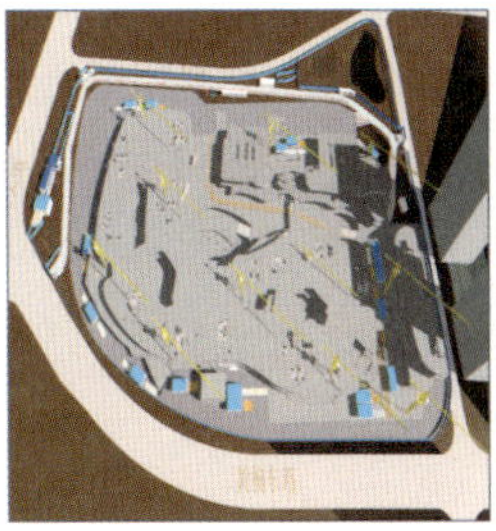

裙楼施工阶段总平面布置

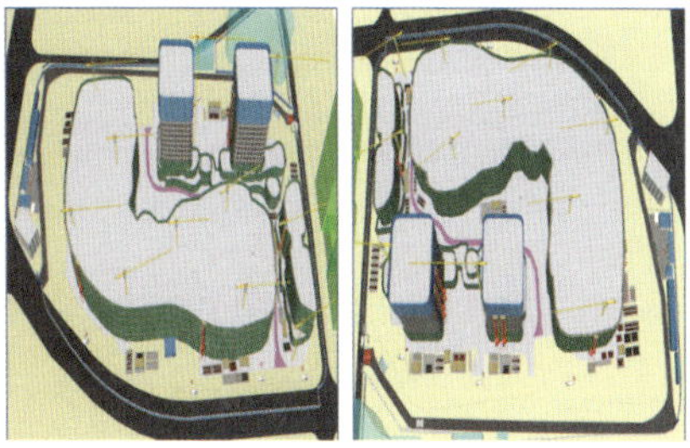

塔楼施工阶段总平面布置

8.3.5 施工进度计划管理

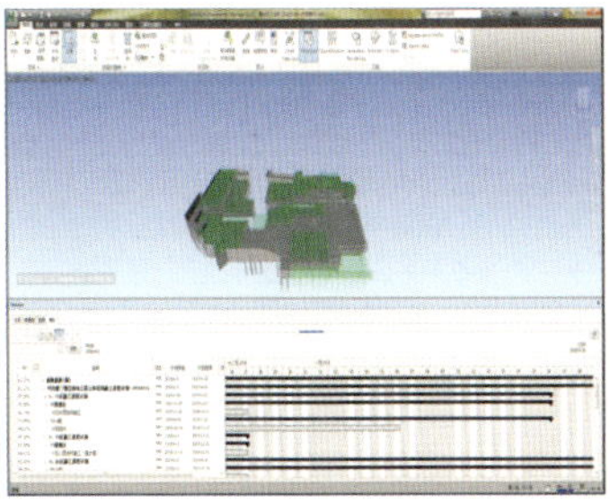

总进度 4D 模拟

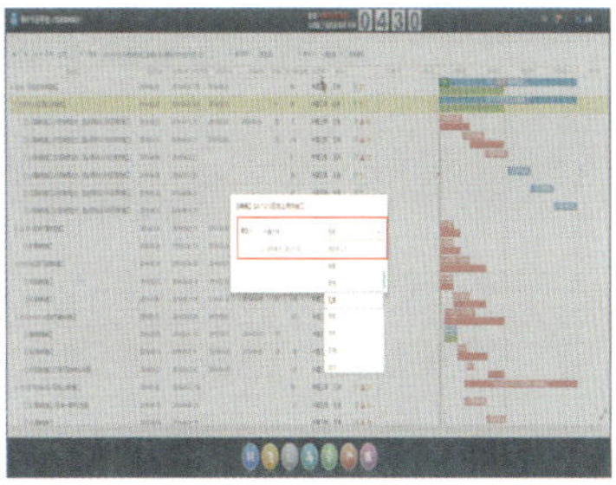

BIM 云平台进度计划责任划分

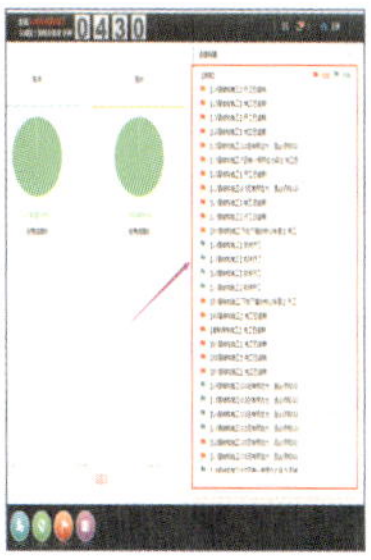

云平台进度预警

将Navisworks与Project结合，对总进度计划进行4D动态模拟，直观检查工序穿插逻辑合理性、施工组织科学性，并通过时间段、施工段、特定工作对比分析，反映进度偏差并及时纠偏，确保工期目标实现。

利用 BIM 云平台对进度计划责任分工落实到人，当计划工作即将开始或逾期未开始时，平台将自动推送预警提示至责任人，提醒尽快调整施工组织追回进度偏差。

8.3.6 物资管理

利用 ISBIM 算量插件自动统计工程量的功能，对混凝土量进行智能统计，减少了施工人员图纸算量的烦琐工作，并通过与实际浇筑量进行三算对比，实现了物资精细化管控。

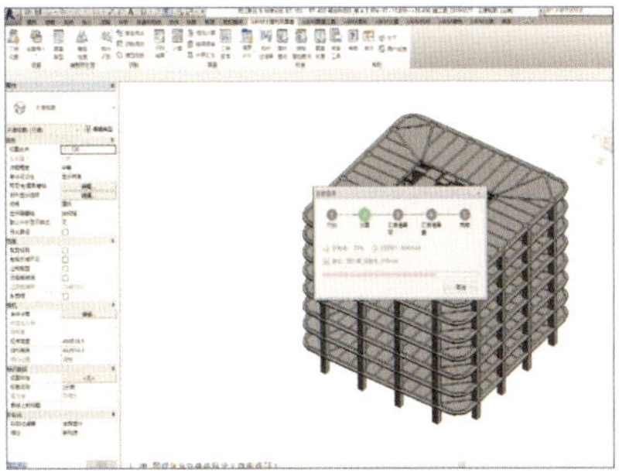

一键计算模型工程量

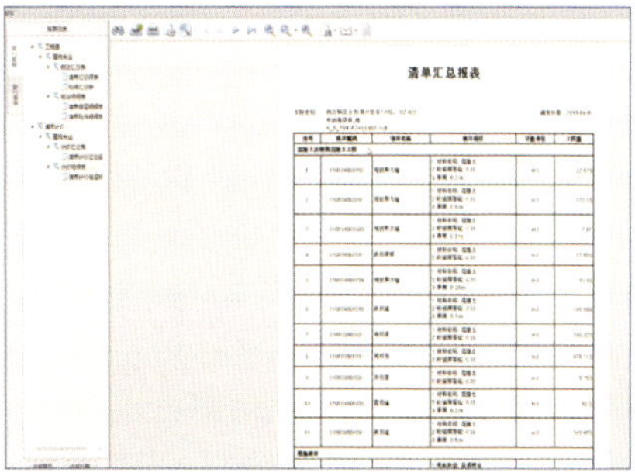

工程量报表

8.3.7 质量管理

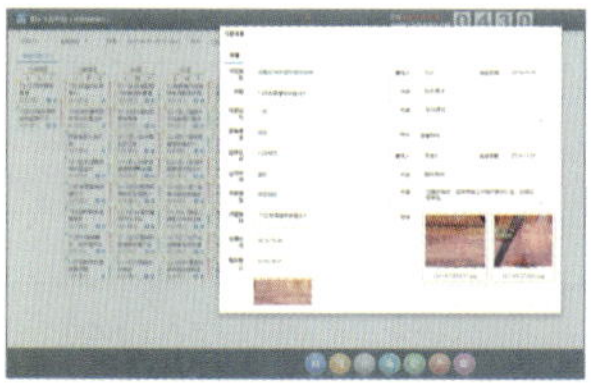

BIM 云平台质量问题整改

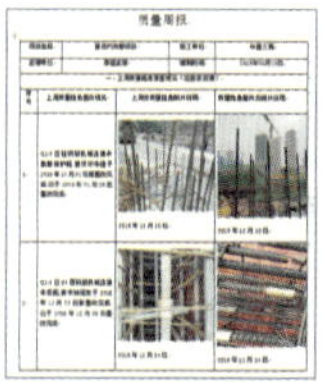

一键导出质量周报

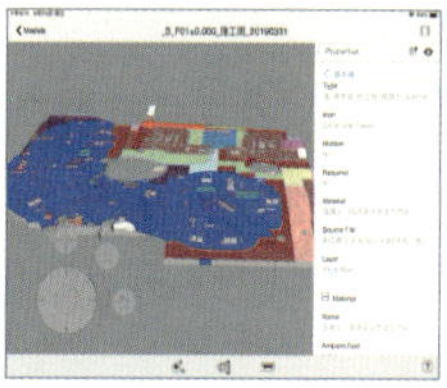

轻量化模型

现场模型对比检查

管理人员可利用 BIM 云平台通过移动端或网页端进行问题模型定位上传及整改回复，云平台可一键导出定制整改报告，大幅提高了整改效率。

管理人员可通过移动设备，利用 BIM 云平台或 BIM360 软件进行质量检查，提前发现各专业间的碰撞问题，辅助对比检查现场与图纸的差异，降低施工错误率。

8.3.8 施工样板引路

BIM 样板间 VR 漫游

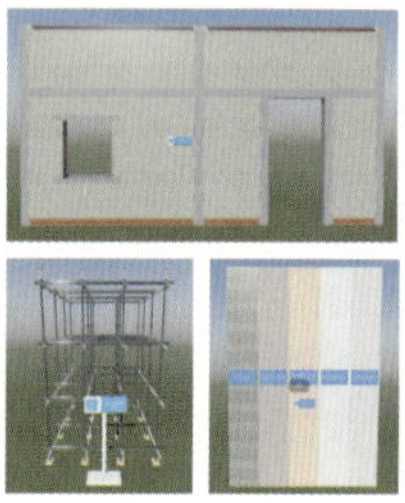

砌体、抹灰、满堂架质量样板

BIM 样板间 VR 漫游

机电、楼梯、柱帽支撑体系质量样板

利用 BIM 软件对现场重点工序、复杂节点进行三维样板建模，用于现场三维交底，指导现场施工，提高工程质量。

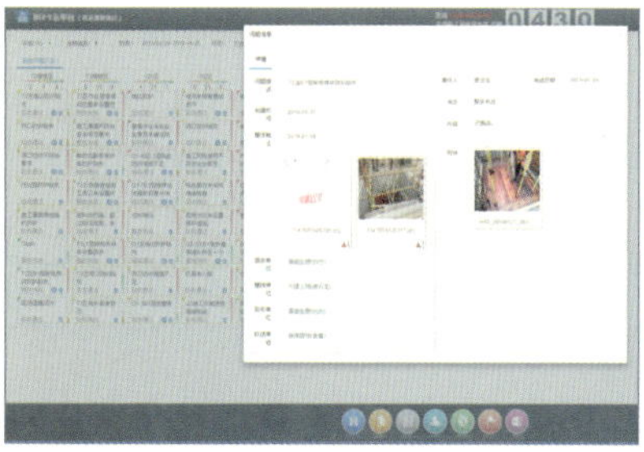

BIM 云平台安全管理

VR 体验式安全教育

利用 BIM 云平台对现场安全问题进行可视化管理，开工至今 BIM 云平台已完成安全问题整改数百条，整改完成率 100%。

定期对项目管理人员和工人进行 VR 体验式安全教育培训，提升人员安全意识。

8.3.9 安全管理

利用 Fuzor 软件对模型中临边洞口安全进行分析，对施工现场所有临边洞口进行排查，指导现场临边洞口防护设计及三维交底，有效消除安全隐患。

利用 BIM 技术对现场逃生线路进行设计，并对火灾险情进行楼层逃生模拟，用逼真的手段进行可视化交底，杜绝火灾中人员混乱险情。

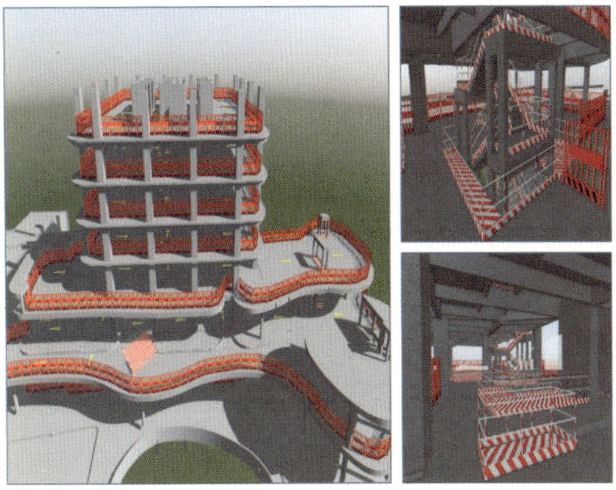

临边洞口安全分析及防护设计

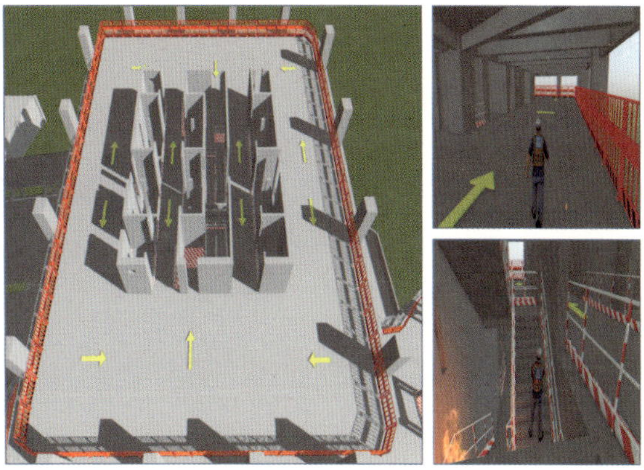

逃生线路设计与逃生模拟

8.3.10 信息协同管理

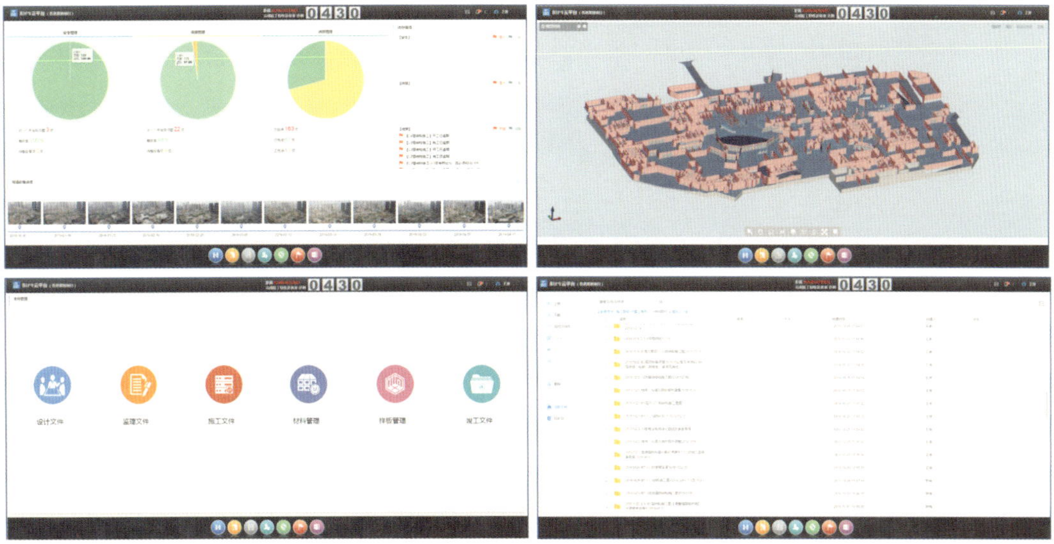

BIM 协同云平台

施工中定制开发的项目 BIM 云平台实现了各参建单位 BIM 模型数据交互、现场质量安全及进度管理、工程资料协同共享等大数据集成功能，大幅提升了项目管理水平。

8.4 BIM 技术创新亮点

8.4.1 激光三维扫描应用

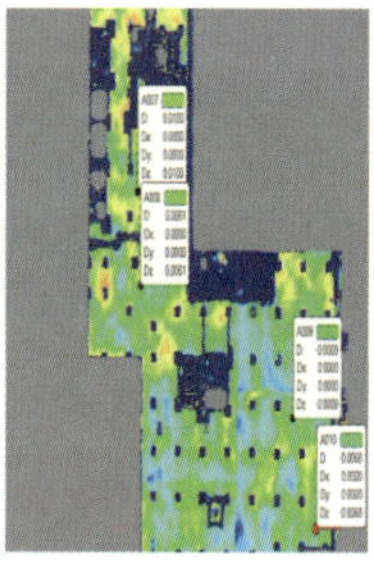
三维点云数据误差分析

逆向校核 BIM 模型

工程全面应用三维扫描技术，各专业工作面移交前须对已完成工作进行三维扫描，确保工作面精确可追溯。

将扫描点云数据与 BIM 模型进行对比分析，逆向校核 BIM 模型，确保机电、精装、幕墙基于现场实际模型进行深化设计，保证各专业深化落地。

8.4.2 BIM 放线机器人应用

工程运用 BIM 放线机器人对异形复杂结构进行精准放线定位及碰撞复核，较传统测量方法减少了测量人员的数量并节省了操作时间，大幅提高了放线精度与效率。

BIM 放线机器人现场放线

8.4.3 720° 全景应用

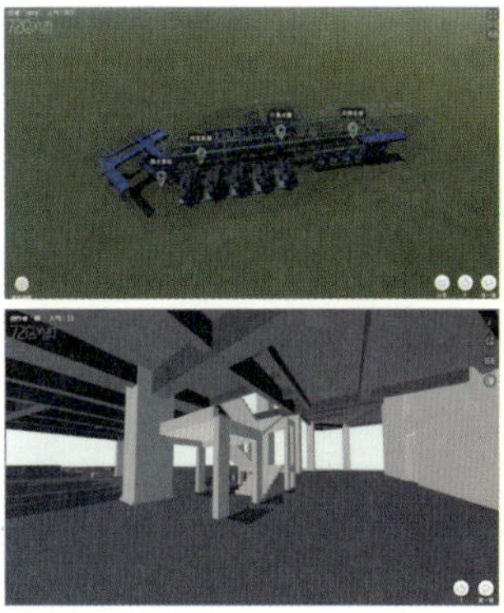

该工程利用 BIM 模型将复杂节点及复杂工序穿插部位制作成 720° 全景图，用于管理人员及操作工人理解学习，实现了无纸化三维技术交底。

8.4.4 3D 打印技术

该工程运用 3D 打印技术将复杂工艺及重要节点部位变为实体模型，助力于形象直观地进行三维实体展示交底。

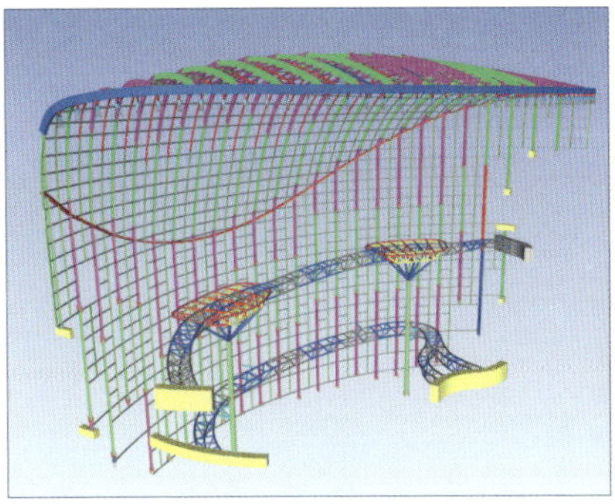

植物园钢结构模型

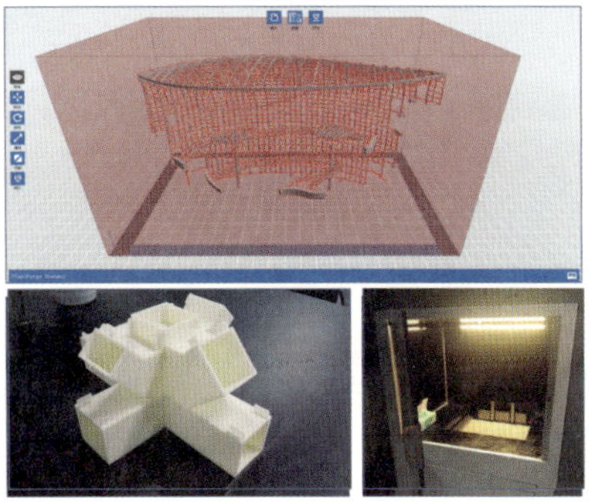

3D 打印处理过程

8.4.5 AR 技术应用

该工程幕墙样板采用 AR 虚拟建造技术，全程利用 AR 影像进行可视化施工指导及质量验收，实现了虚拟与现实的完美结合，大幅降低了施工难度并实现了零返工。

施工过程 AR 质量检查

AR 质量验收

8.4.6 人员轨迹管理

项目定制研发了一套人员轨迹定位系统，通过在施工现场设置的“工地宝”及工人佩戴有定位芯片的安全帽，可使人员轨迹数据自动集成于 BIM 总平面模型，实现了工人的分布情况及行走轨迹立体展示，用于人员分布统计和安全风险预判。

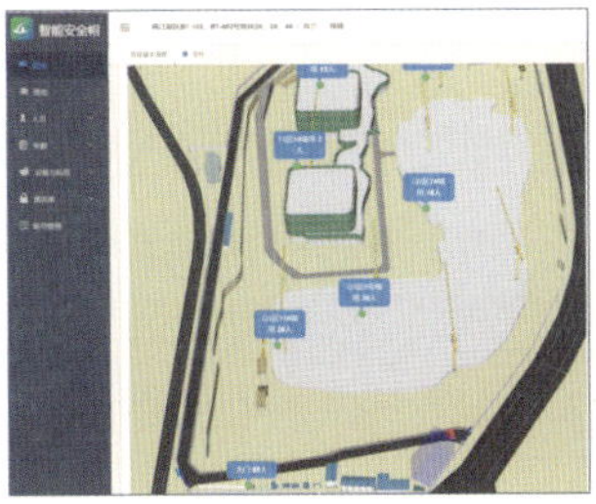

人员轨迹分布

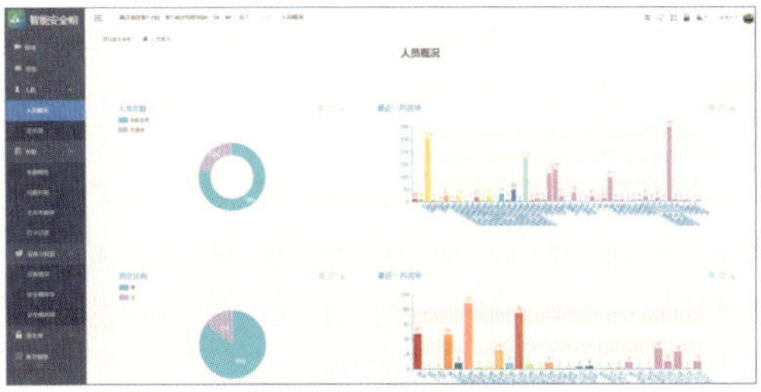

现场人员统计

8.4.7 BIM 智慧工地应用

该项目根据业主及项目需求，搭建了重庆市智慧工地体系，联动 BIM 技术，助力建筑产业数字化变革。

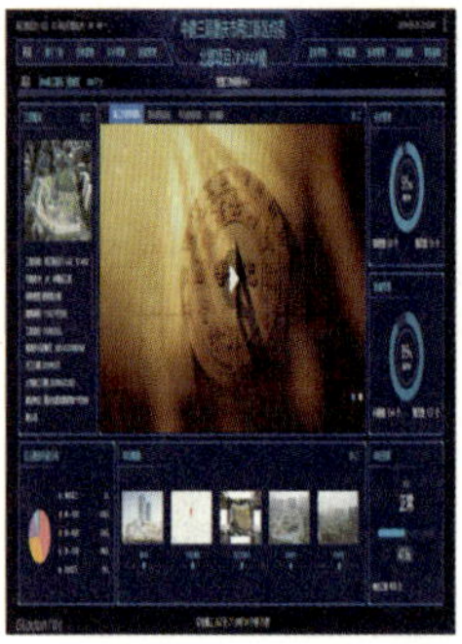

BIM 智慧工地看板

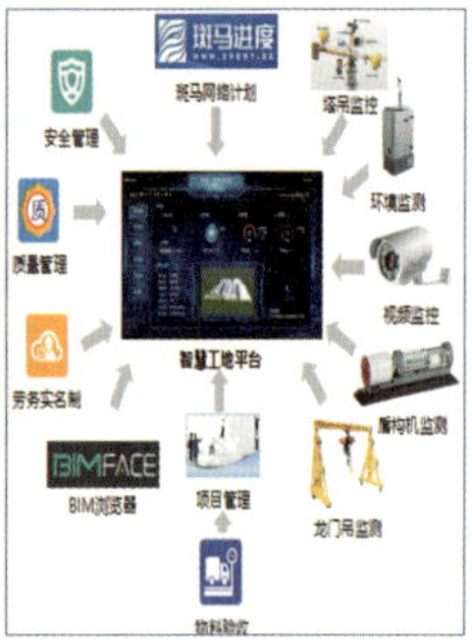

功能融合

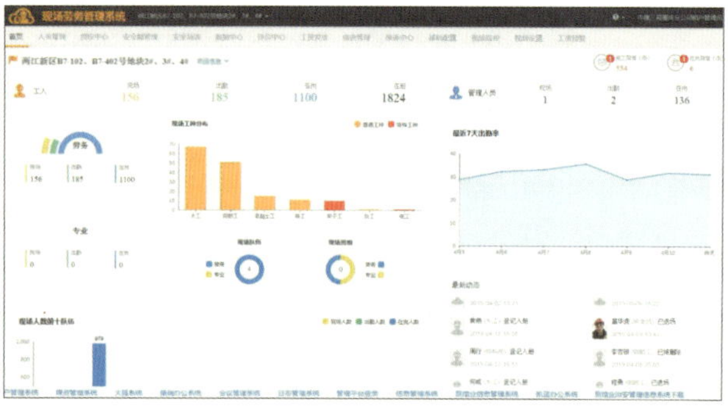

提取项目考勤管理、工资管理、从业资格管理、诚信管理、安全教育管理、技术交底管理、远程视频监控、扬尘监测、排污监测、废渣管理、废气管理、能耗监测、安全管理、特种设备安全监控、高大爬模监测、进度管理、质量管理、建材监测、检验监测监管、卸料平台、应急管理情况等，并呈现在智慧工地平台，实现工地数字化管理。

8.5 BIM 应用效益分析

8.5.1 图纸审核及优化

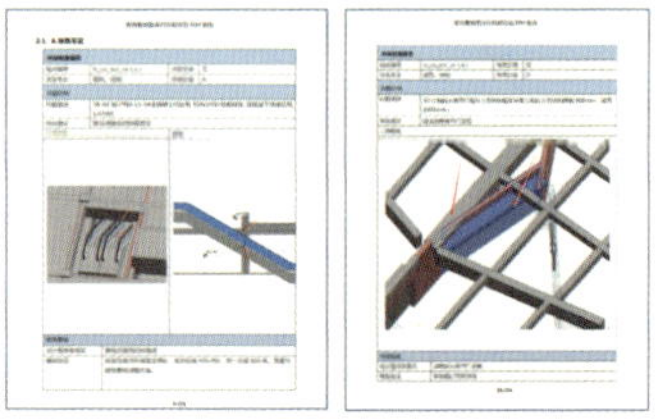

BIM 图纸提疑

自开展 BIM 工作以来，已对设计图纸进行全面提疑 300 余项及优化建议 200 余项。为现场提供了顺畅的施工条件，缩短了大量工期。按每条问题造成的施工阻碍 1 小时计，带来的工期节省 =（300+200）×1÷8=62.5 天。

8.5.2 植物园钢结构设计优化

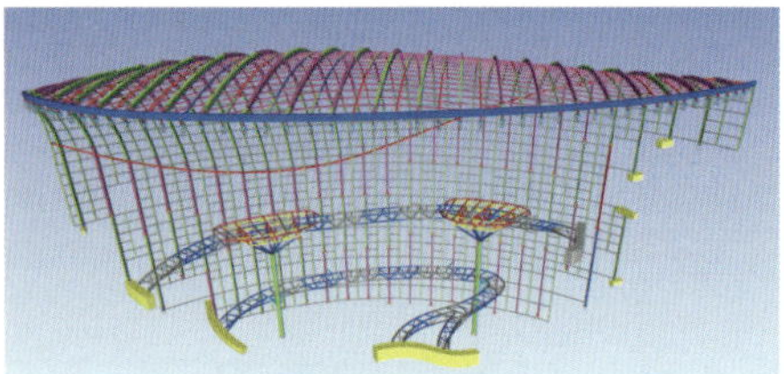

钢结构深化设计优化

工程植物园钢结构原设计钢材用量约 1100t，运用 Tekla 对设计图纸三维建模后，对非标准构件以及不必要的节点形式进行优化，现深化模型用钢量约 1070t，节约钢材 30t，节约成本 12 万元。

8.5.3 机电预留预埋优化

机电专业内完成碰撞调整后，对土建、机电模型进行综合排布检查，确认无问题后，出具管线综合预留图纸。截至目前，与原结构预留图纸对比减少二次开洞 50 处，减少现场返工的同时降低了因错误下料及返工造成的材料损耗。

序号	项　目	节约费用
1	减少返工天数 10 天	60 人 ×10 天 ×250 元 / 工日 =15 万元
2	减少材料损耗 $20m^3$ 混凝土	$20m^3$×300 元 /m^3=0.6 万元
合　计		15.6 万元

8.5.4 塔楼坑中坑优化

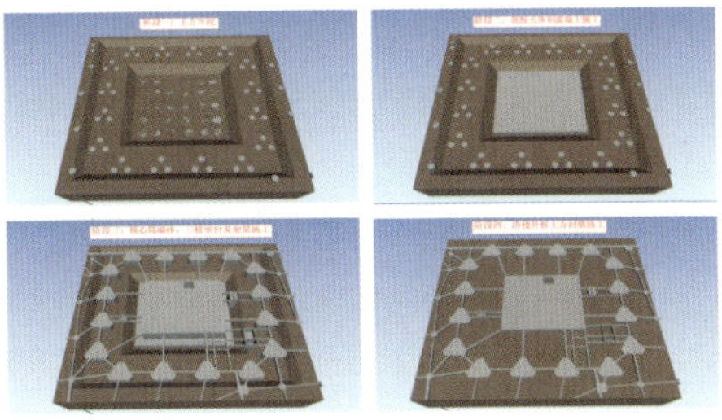

工程的塔楼底板施工阶段，原计划在底板结构施工完成后即进行基坑回填，随后施工地梁和三桩承台，但为确保项目进度，利用 BIM 模型对塔楼底板施工顺序进行优化，底板结构施工完成后，立即施工地梁和三桩承台，采用架空楼层方式保持现场施工速度，随后进行土方回填，每栋塔楼节约土方回填和开挖时间 10 天，共节约工期 =10 天 / 栋 ×2 栋 =20 天。

8.5.5 施工总平面优化

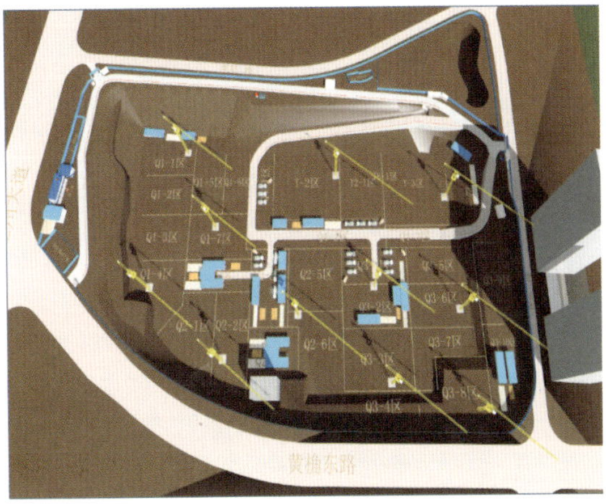

工程正式开工前，根据业主要求，现场需配置 12 台塔吊，根据现场实际的勘察和测量资料，利用 BIM 总平面布置模型，对现场布置进行多次论证和优化，最终将塔吊数量精简为 11 台，较优化前塔吊型号 JP7020 减少 1 台，节约成本 136.25 万元。

节约的塔吊型号	工程量	单价	总节约金额
JP7020	裸机费（1 台 ×15 月）	48500 元 /（台 × 月）	136.25 万元
	人工费（6 人 ×15 月）	6000 元 /（人 × 月）	
	进出场费	75000 元	
	基础预埋费用	20000 元	

9. 云南省墨临高速公路施工 BIM 技术综合应用

9.1 项目概况

一、总体工程概况

云南墨临公路 TJ2 标段线路总长 22.89km，标段内共设桥梁 22 座，桥梁总长度 8.8km，隧道 4 座，2 座中隧道，2 座长隧道。

二、BIM 应用范围

地约科 1 号大桥跨径布置为 [3×30m 预应力砼（后张）先简支后连续 T 梁]+（72+125+72m 波形钢腹板连续钢构）+[3×30m 预应力砼（后张）先简支后连续 T 梁]。单幅桥标准桥面宽度为 12.5m，墩台径向布置。

地约科 2 号大桥为分离式大桥，右幅跨径组合为 7×40m，左幅跨径组合为 8×40m，上部结构采用预应力砼（后张）先简支后连续 T 梁，下部结构桥墩采用柱式墩、空心墩，桥台采用柱式台，墩台均采用桩基础。

小寨 1 号隧道同为分离式隧道，右幅分界段全长 629m, 左幅分界段全长 596m，隧道最大埋深约为 110.5m，左、右幅隧道测设线距离 25.91~36.39m, 累计总长 1225m。

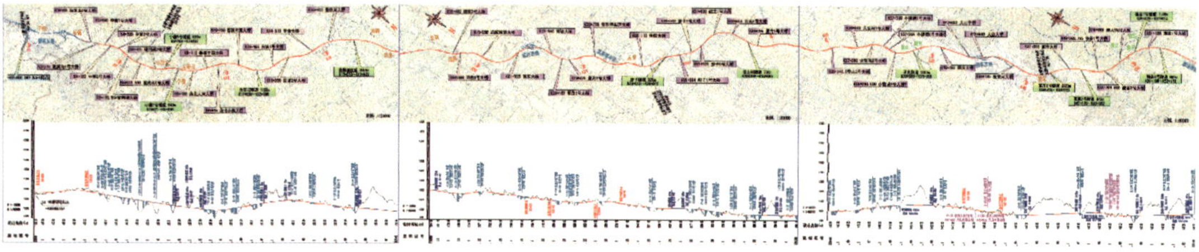

三、项目重难点分析

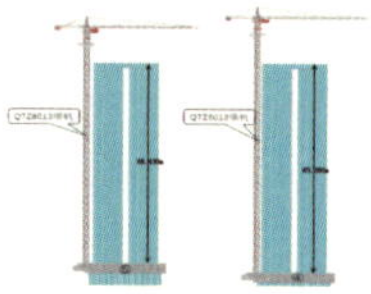

（1）工程地理环境特殊、高空作业多，管控、协同难度大。

项目处址偏僻，桥梁跨度大，墩柱高（本桥 4 号、5 号主墩采用双肢墩，墩高分别为 85.386m 和 78.435m），项目协同管理难。依靠传统的管理协同及管理模式，难以保障项目及时、有效沟通。

（2）进度管理难度大。

项目施工工序多，传统的进度管理方式存在现场进度信息流失大、信息获取烦琐等问题，管理层难以及时、全面地了解整个现场各工程的进度，不能充分安排调用现场资源。

（3）图纸多、技术难度大。

项目涉及专业复杂，重难点多，箱梁及墩柱施工技术难度大（箱梁在加工过程中的深化设计阶段需要新技术支撑，因为工程在山区高空，钢箱梁的存储、运输、安装难度系数高）。

（4）质量与安全管理难度大。

项目本身对施工质量要求高，对施工安全风险因素控制严格。但该项目由于工程的特殊性，涉及高空作业多，施工队伍多，施工机械多，影响施工质量与风险因素多，要做到事前预防、事中控制、事后总结难度大。

9.2 BIM 应用设计

9.2.1 BIM 应用目标

序号	实施阶段	BIM 实施目标	BIM 应用说明
1	项目策划阶段	（1）确定项目 BIM 实施目标	明确项目 BIM 应用目标
		（2）制定 BIM 管理体系	制定 BIM 组织架构、BIM 工作职责、BIM 实施计划、BIM 工作制度等
		（3）制定 BIM 应用点方案	梳理项目工作流程，制定 BIM 工作流程图，明确工作间关系
2	项目实施阶段	（1）BIM 模型建立及信息输入	按照模型精度要求，建立土建、钢结构等各类 BIM 模型，为 BIM 应用做准备
		（2）利用 BIM 模型加强项目设计及施工的协调	利用 BIM 模型辅助各类协调会议，如基于 BIM 的图纸会审会议，基于 BIM 的进度协调会议等
		（3）碰撞检查功能减少施工现场碰撞冲突	各专业、各构件间碰撞检查及优化等
		（4）4D 模拟优化施工进度计划、施工工艺及流程	施工进度、复杂方案、复杂工序模拟检查合理性，如判断各个主体搭接时间或交接顺序是否合理
		（5）模型交底指导现场施工，提高质量管控效果	利用 BIM 模型进行交底，现场 BIM 模型与实体对比
		（6）BIM 模拟提高场地布置可实施性，增强现场管理效率	建立三维平面布置模型，采用可视化的动态控制，辅助现场进行方案的比选与实施
		（7）自动工程量统计快速评估变更引起的成本变化	BIM 模型信息快速改变，自动归集前后两次工程量，辅助管理
3	项目竣工阶段	交付 BIM 竣工模型，提供建造工程中的相关信息	交付 BIM 模型，提供建造工程中的相关信息
4	运营维护阶段	运维系统帮助项目各部门施工过程的管控	将 BIM 竣工模型导入运维系统，全面辅助业主进行施工过程的管控

项目准备 → BIM 软件建模 → BIM 模型应用 → 施工中应用 → 运维管理

应用目标　　应用流程

9.2.2 BIM 组织架构

BIM 职责	（1）组织建立高效的 BIM 团队，并配备足够的 BIM 专业工程师；完成和实现 BIM 模型的各项功能，积极利用 BIM 技术手段指导施工管理
	（2）协调建立和维护 BIM 模型，并组织、协调项目各部门完成相关工作
	（3）与项目各部门密切配合，使用 BIM 模型对总控施工计划、总体施工过程及方案进行模拟演示
	（4）负责在深化设计、施工工艺、工程进度、场地管理等方面充分使用 BIM 建筑信息模型技术
	（5）项目部门提供对 BIM 服务所需的各类信息和原始数据，并协调或建立所有专业构件的 BIM 模型
	（6）制订阶段验收计划并组织优化模型，对实际工程进度进行跟踪管理，并提供可能的 BIM 应用意见，同时根据反馈意见进行过程调整
	（7）负责交付模型的精细度、信息完整性及使用说明

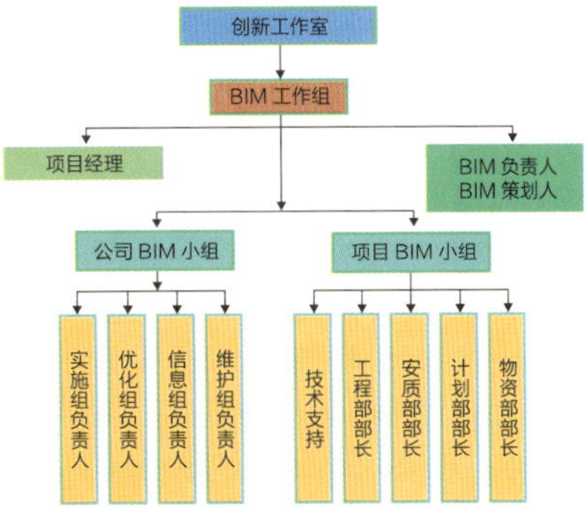

BIM 团队职责　　人员组织架构

9.2.3 软硬件配置情况

序号	项目	具体内容	建议配置	推荐品牌	数量	备注
1	办公室	投影仪	工程投影机1920×1080分辨率 8000流明 400～600寸幕布	松下FDZ97 8500流明 1920×1080	1	
		电子白板	交互式电子白板 面板尺寸：1820×1280×34mm	高科GK-880D	1	
		视频系统	协同视讯一体机	唐桥 睿博	1	
		音响系统	大型会议室音响系统解决方案	MDX麦迪声	1	
2	BIM建模电脑	主机	i7-6700HQ/16GB/1TB/GTX1060	SSVM玩家国度	4	
		显示屏	24 英寸 LED 1080P	DELL戴尔SE2416H	4	
3	BIM客户端电脑	主机	i7/8GB/1TB/GTX970	ZX60VM飞行堡垒	10	
		显示屏	24 英寸 LED背光液晶显示器	DELL戴尔P2411H	10	
4	笔记本BIM建模	图形工作站	Xeon E5606/16GB/2TB/QuadroNVS295	DELL戴尔Precision T5500	2	
5	BIM客户端	笔记本	i5/8G/1T	戴尔	2	
6	手机移动端	移动应用	4核/2G/16G	华为、苹果等	10	

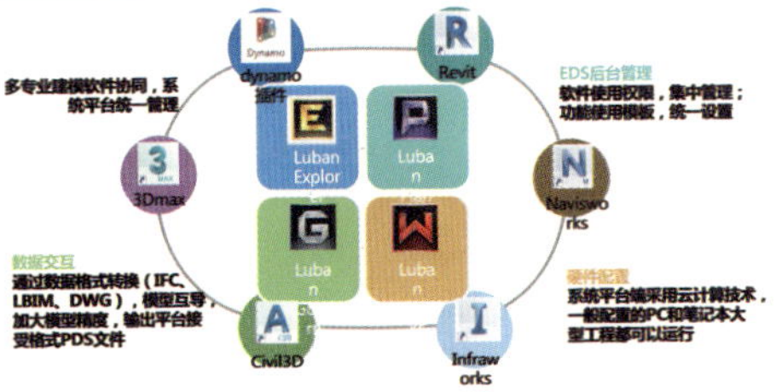

序号	大类	产品	单位	供应商	数量	说明
1	建模软件	主体结构BIM建模软件土建、钢筋、安装专业	套	鲁班	根据建模人员决定	目前建模软件免费
		BIM建模软件：Revit、Civil3D、Navisworks...	套	Autodesk	根据建模人员决定	按需求采购
2	动画模拟	Navisworks、3dsMax	套	Autodesk	根据需求决定	按需求采购
3	宣传效果	Lumion软件	套	Act-3D	根据需求决定	按需求采购

9.3 BIM 流程

9.3.1 BIM 应用策划

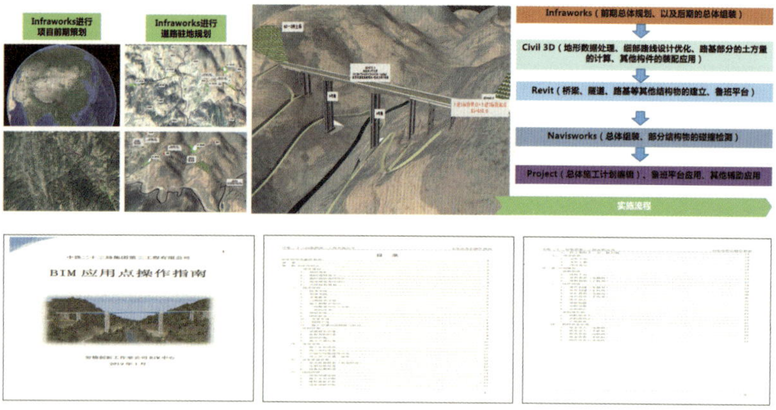

9.3.2 BIM 模型创建

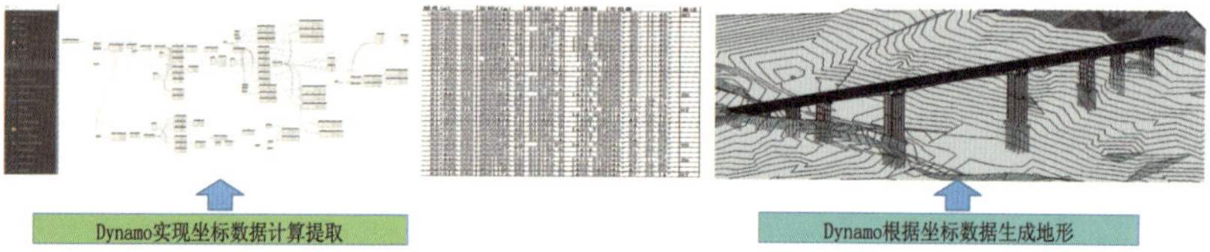

借助 Dynamo 的数据处理能力与建模特点，完成地形等不规则模型的创建任务。

下图为箱梁、钢结构（波形钢腹板）及钢筋、钢绞线示意。

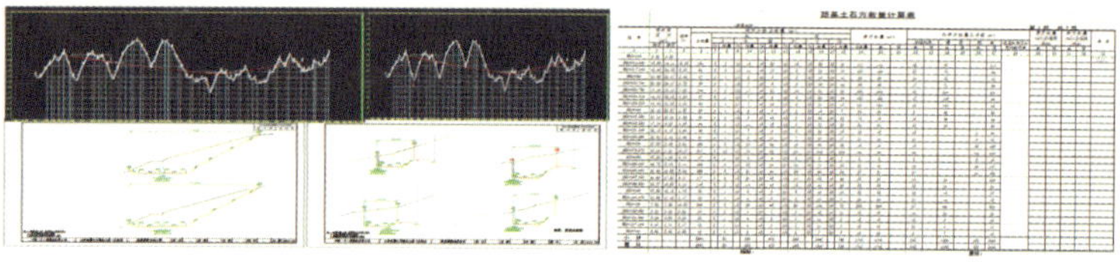

下图为路基横断面图及土石方计算表展示。

路基三维模型展示

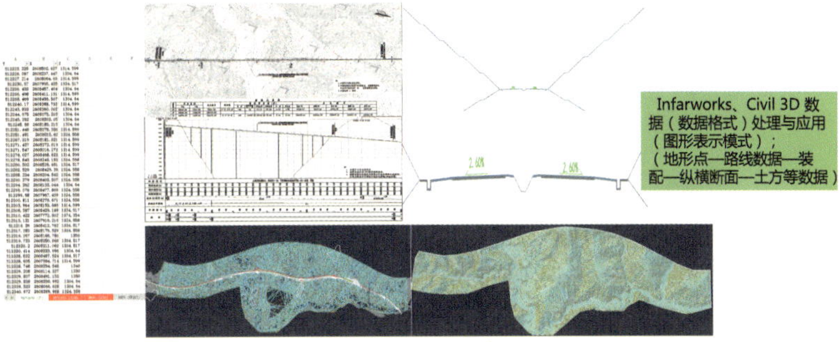

9.3.3 无人机采集地形信息数据，进行场站道路规划

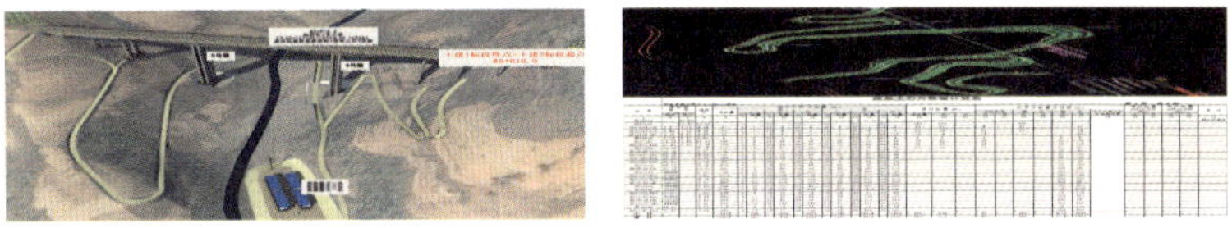

Infarworks 总体规划设计（道路、场地）

9.3.4 图纸会审

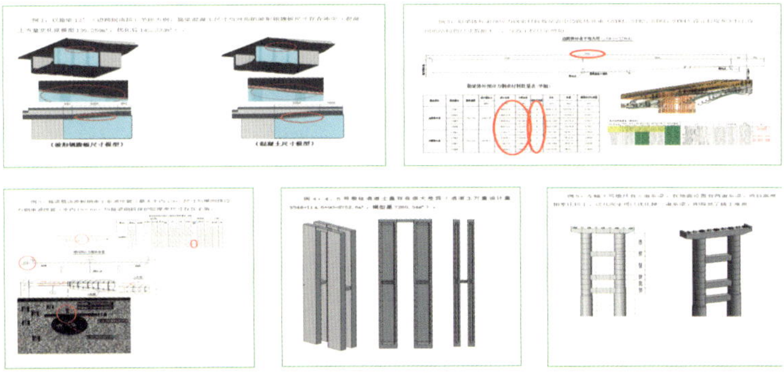

9.3.5 工程量计算

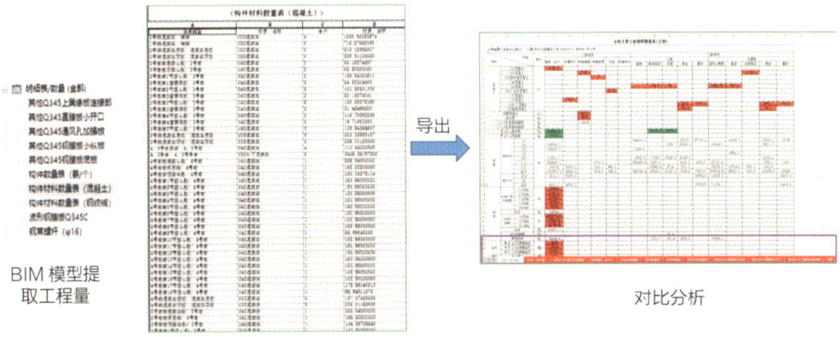

9.3.6 碰撞检查优化

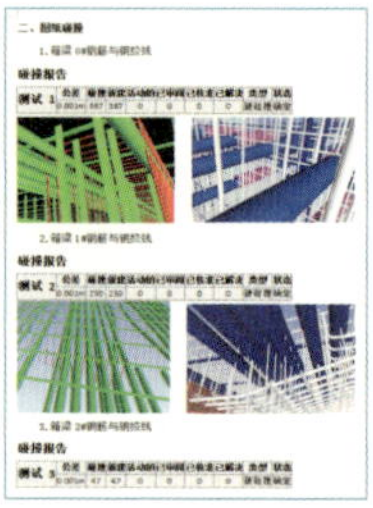

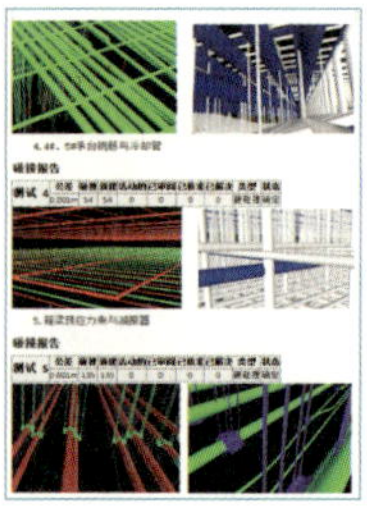

碰撞检查在 Navisworks 中进行。

利用 BIM 技术进行碰撞检查有着明显的优势及意义，可以对二维图纸进行整体性检查，此过程中可发现大量隐藏在设计中的问题，针对特定的问题制订优化方案。

9.3.7 施工计划编制模拟

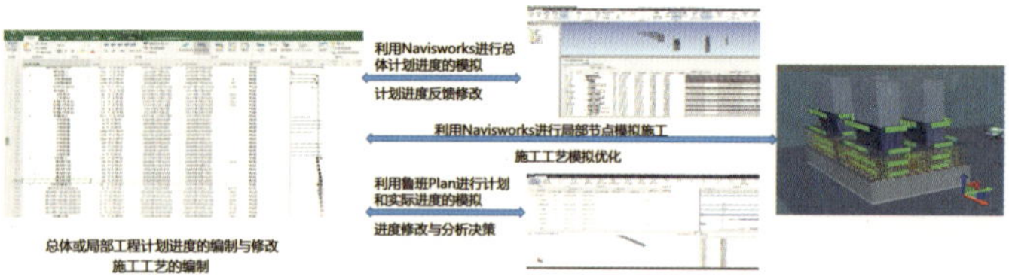

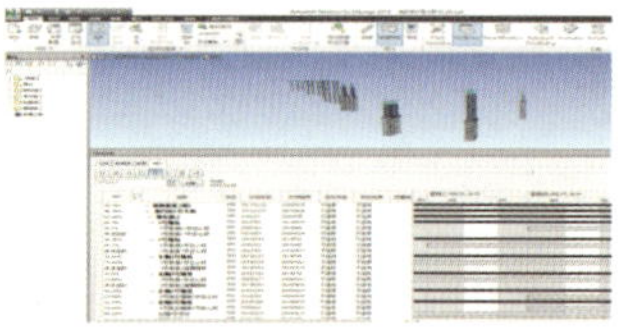

9.3.8 三维节点施工技术交底

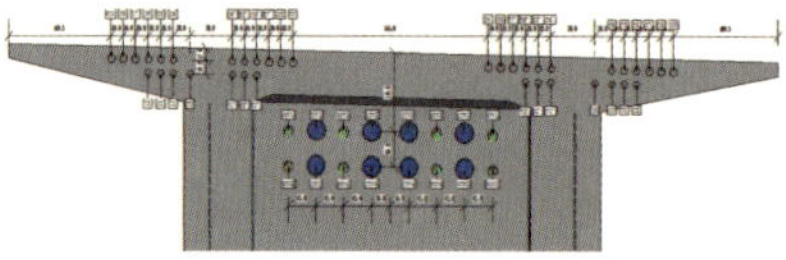

9.3.9 管理平台应用

鲁班 · 项目全过程 BIM 应用解决方案

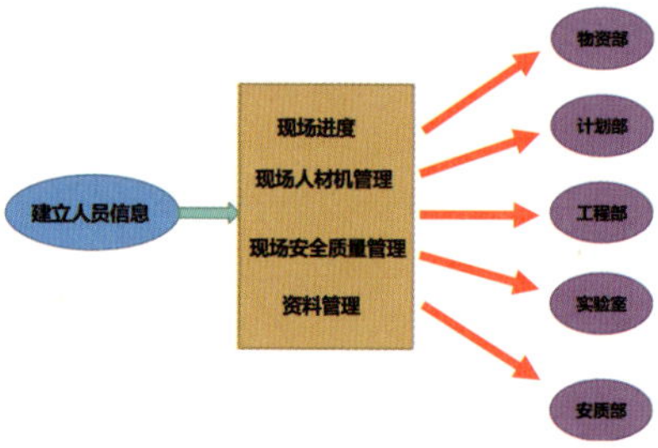

9.3.10 现场进度及人材机管理

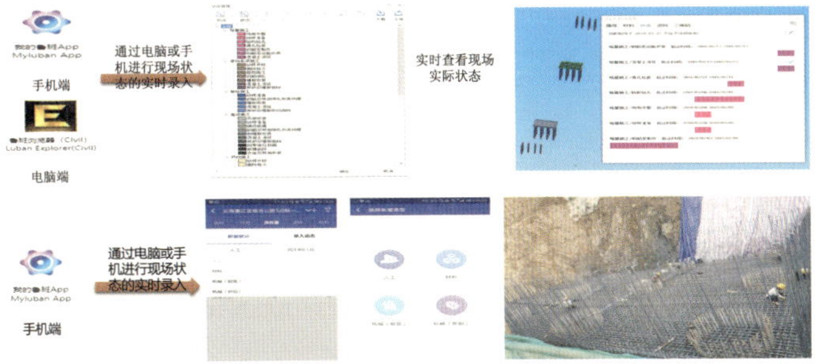

9.3.11 安全质量及资料管理

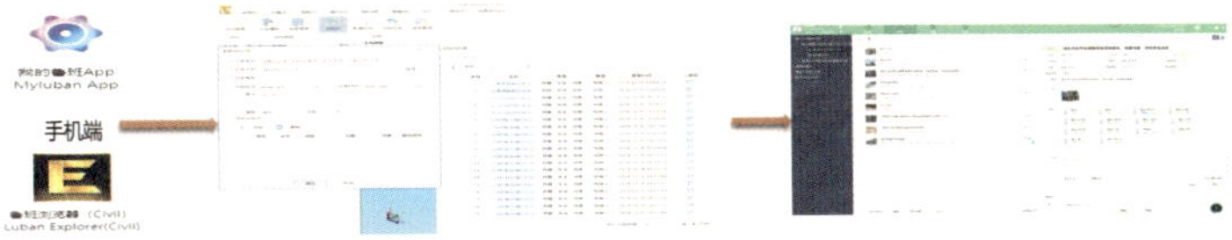

根据现场实际施工状态，提前制订巡检计划

根据制订的巡检计划进行现场质量安全检查并记录，其他人员监督如期整改闭合

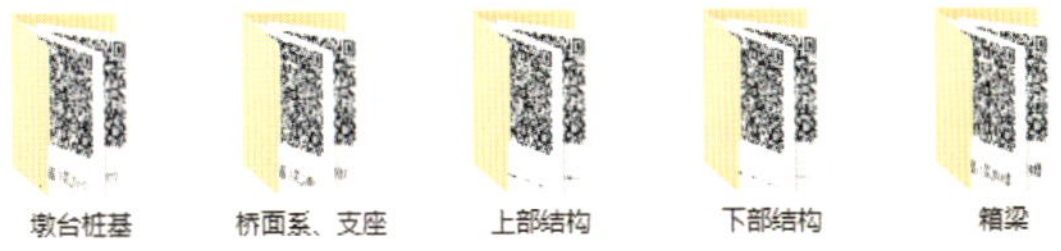

对应建立二维码资料管理手册

9.3.12 建立构件库和节点

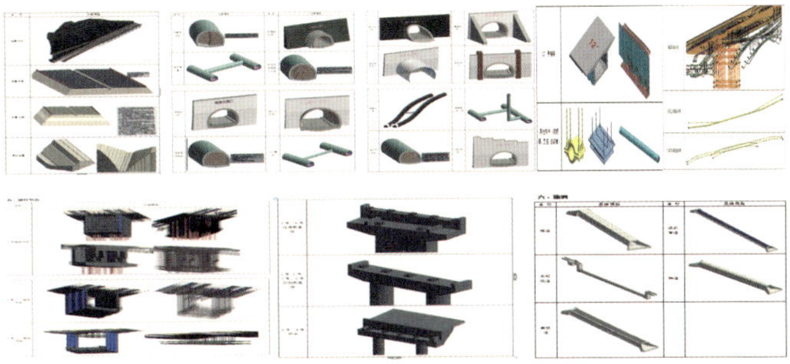

9.4 BIM 应用效益分析

9.4.1 BIM 技术效益

一、图纸问题查找

尺寸计算错误、钢筋标识错误、坐标计算错误、钢绞线长度以及混凝土量统计错误、构件尺寸前后不统一等问题达 38 处。

二、图纸深化设计

对钢结构图纸深化共计 4 处，钢筋复杂节点深化共计 59 处。

三、三维技术交底

项目利用 BIM 模型进行技术交底达 8 次（小型技术交底不计）。

四、施工方案模拟

对土方开挖平整、桩基浇筑、施工场布、T 梁架设、二次结构定位等施工方案进行模拟并分析。

9.4.2 BIM 管理效益

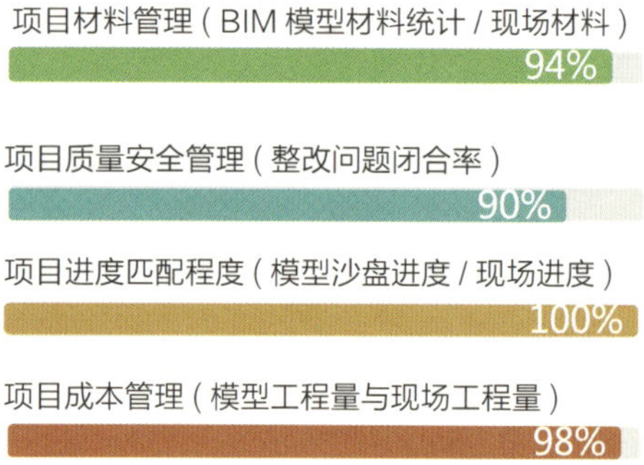

9.4.3 BIM 应用总结

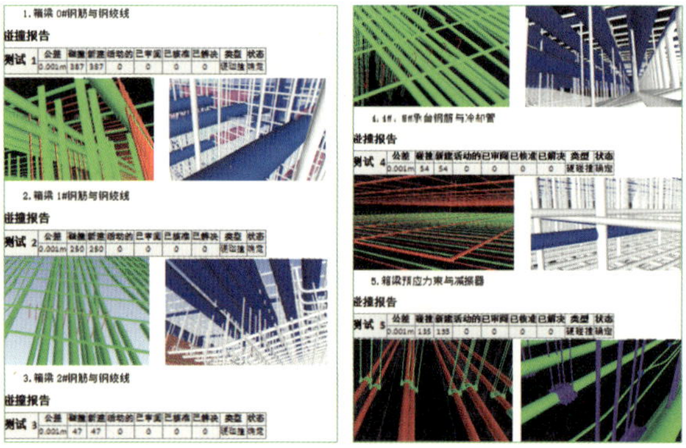

BIM 技术在上述实例应用中的分析总结如下：

（1）可以有效减少传统二维图纸的错漏碰缺问题，减少后期返工造成的成本增加，缩短工期，从而实现更多的经济效益。

（2）可以提高成本控制中工程量计算环节的工作效率和精度。在前期工程量核算过程中提高精度和工作效率的同时，提升技术人员对图纸的熟悉程度。精准的工程量作为材料采购和编制施工计划的依据，有利于材料管理和控制，便于及时发现工程量偏差，从而及时纠偏。

（3）可以用于制作竣工模型，便于后期运维管理。设计单位可以配合施工方汇总施工过程各相关材料设备并制定最终的全专业 BIM 模型。项目所记录的资料会保存在服务器中，便于日后对该项目的查找和追溯，可以快速、准确地对工程各种资料进行定位。大量的数据留存与服务器经过相应处理形成数据库，为后期运维管理提供数据支持，可有效降低后期运维成本。

BIM 的运用对项目管理的提升为隐形提升，从不同的方面对项目产生影响，比如可视化、管理流程信息化、沟通效率提升等。

BIM 的运用在深化设计等方面效果较为显著，发现了大量的碰撞设计问题，极大地提升了深化设计效率和质量，基本做到现场零返工；在提升可视化、加强专业协调、提升商务成本管控方面效果较为显著，但是推广使用困难，改变了传统的工作模式，部分管理人员抵触心理较大；在规范现场的管理流程、提升沟通效率、推进使用信息化、进行安全质量管理方面还需要进一步的探索。

BIM 推广的困难已由技术转换为管理，BIM 应用必须有管理人员参与，改变传统的工作模式，建立由项目经理牵头的 BIM 管理部是项目 BIM 应用成功的关键。

10. 成都轨道交通 6 号线三期工程 BIM 技术应用

10.1 工程概况

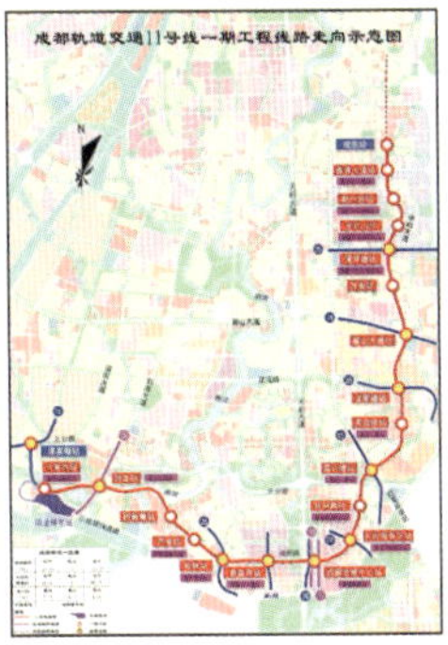

成都轨道交通 6 号线三期工程（原 11 号线一期工程），位于成都市天府新区天府大道东侧，全线长 23.37 千米，共设 17 座地下站、共 18 个隧道区间，是中国建筑股份有限公司承接的第一条地铁全线路融投资建设工程，具体由中建三局集团有限公司实施。

项目总投资额约 165 亿元，计划 2020 年 12 月开通运营。

项目单体多、专业多、标段多、地形条件复杂，工期紧，社会影响力大。

项目荣获 2017 年度四川省绿色施工示范工程，是成都市基础设施建设重点工程、中建三局重点工程以及中建拓展轨道交通领域施工总承包业务创新示范工程。

建设单位　成都轨道交通集团有限公司

融投资承建单位　中建三局集团有限公司 CHINA CONSTRUCTION THIRD ENGINEERING BUREAU GROUP CO.

设计总承包单位　中铁第四勘察设计院集团有限公司 CHINA RAILWAY SIYUAN SURVEY AND DESIGN GROUP CO.,LTD.

监理总承包单位　成都大西南铁路监理有限公司 CHENGDU SOUTHWEST RAILWAY SUPERVISION CO.,LTD

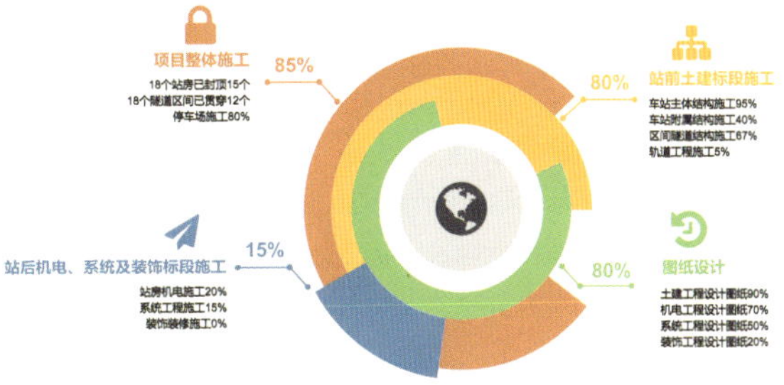

项目进度

10.2 体系建设

10.2.1 BIM 策划

10.2.2 团队建设

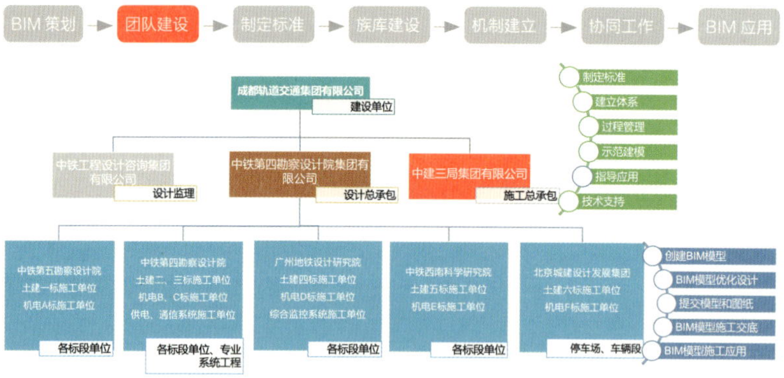

10.2.3 制定标准

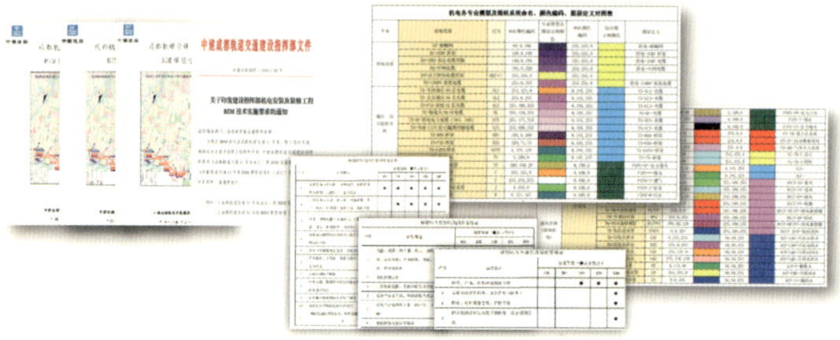

根据国内实行的建筑信息模型应用统一标准、施工应用标准等国标及行标，建立该工程 BIM 实施的总体策划方案及模型标准，保障模型质量，规范模型各阶段深度及精度，指导 BIM 模型应用。

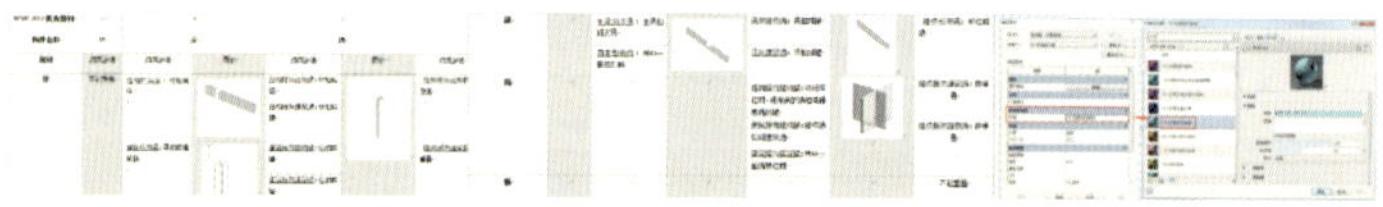

根据该工程的建筑信息模型总体策划方案及模型标准，按照工程进度的不同阶段和现场施工的需求配置相应的 BIM 软件，规范各软件版本及应用方式，硬件设施同步跟进。

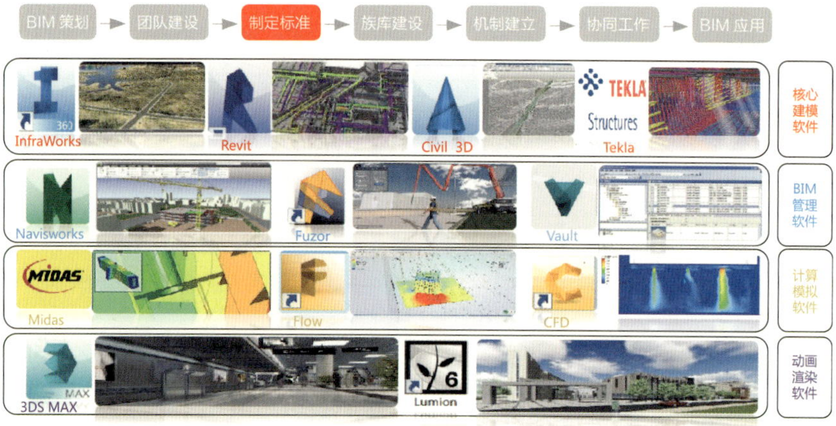

10.2.4 族库建设

根据该工程的 BIM 模型标准，建立工程各专业族构件库。目前已开发适用于轨道交通的族块 200 余个，借助项目云存储，全线各标段族库共享，确保全线全专业 BIM 模型的搭建。

10.2.5 机制建立

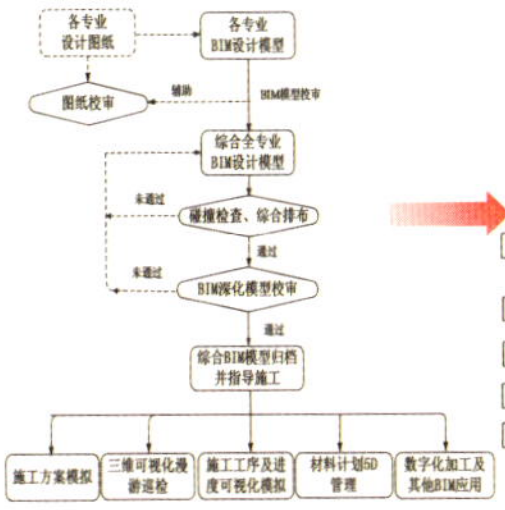

模型及模型应用流程

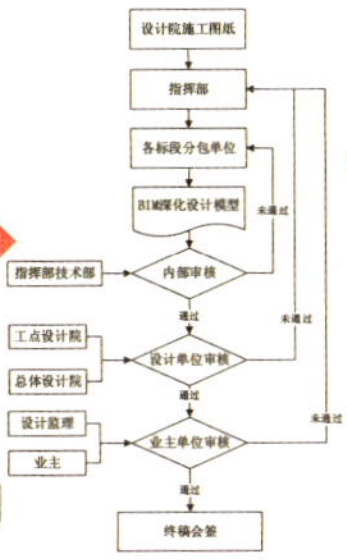

模型审核流程

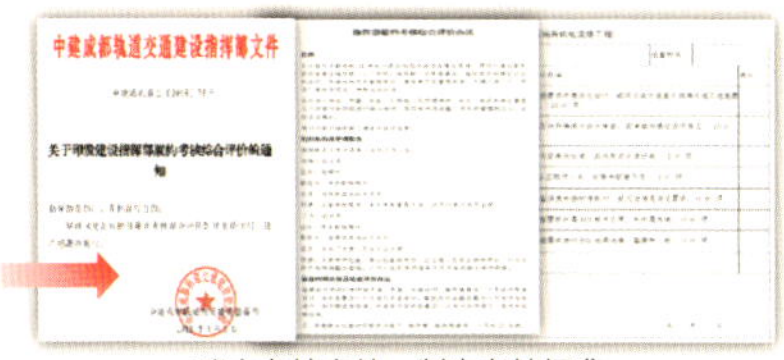

建立考核文件、制定考核标准

召开站房 BIM 模型评审会

集中组织 BIM 技术培训会

10.3 BIM 应用

10.3.1 模型介绍

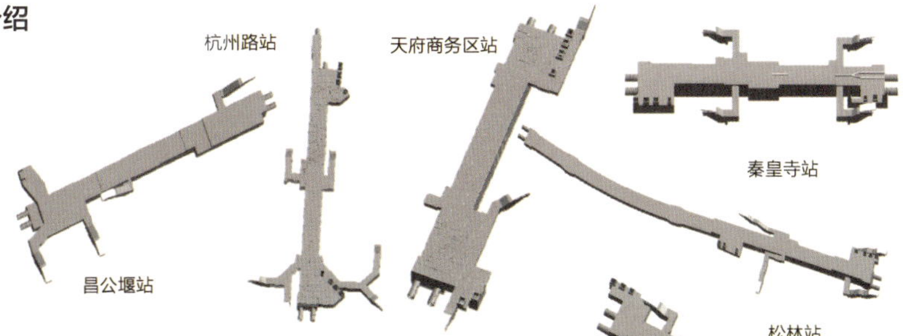

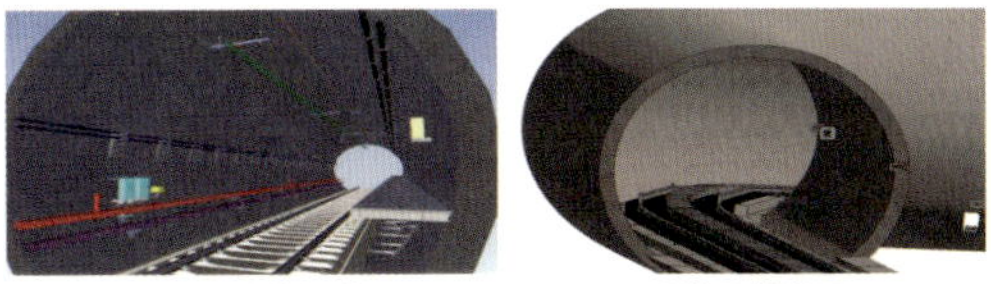

隧道区间全专业模型　　盾构区域断面

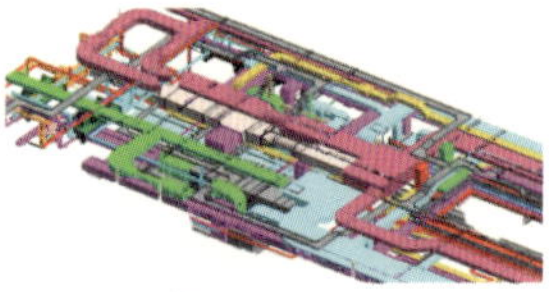

新通大道

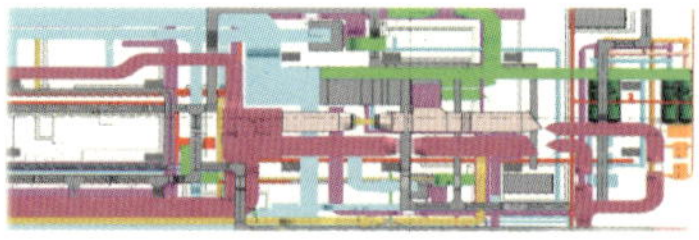

新通大道 A 端

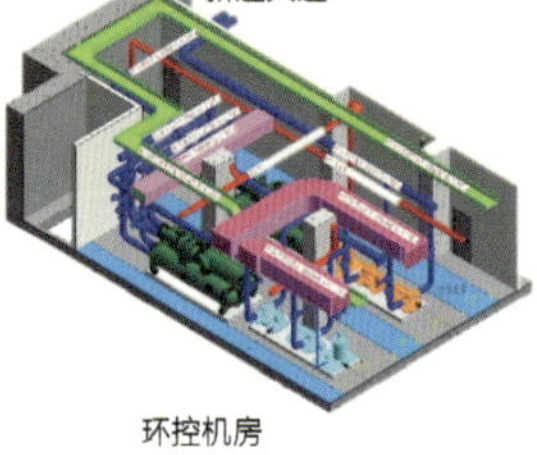

环控机房

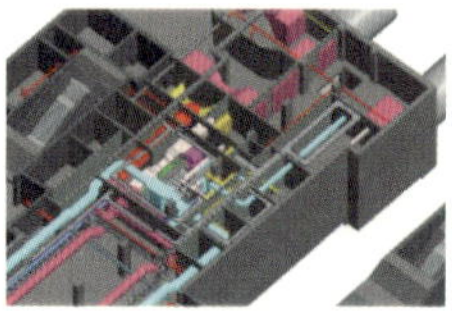

新通大道 B 端

抗震支架

10.3.2 辅助设计

碰撞检查、净空分析

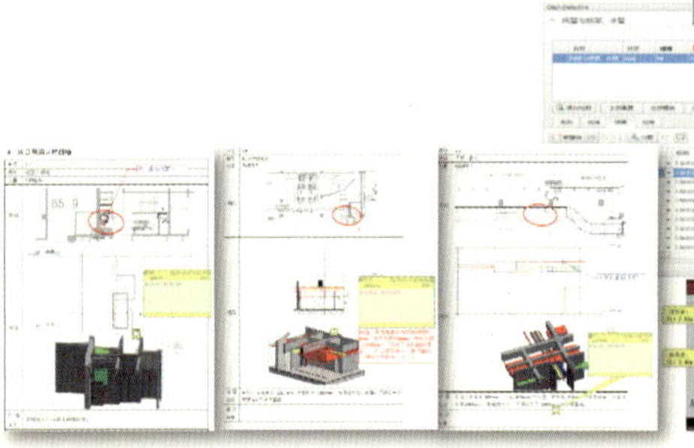

10.3.3 辅助出图

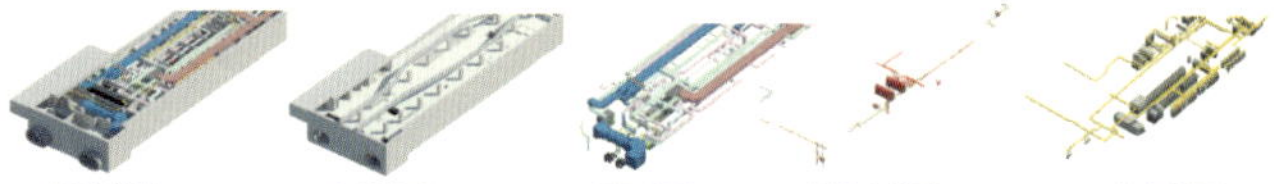

初步设计（设计）→ 设计模型（施工）→ 综合模型（设计+施工）→ 综合管线图纸（模型与图纸关联）→ 图纸强审 → 施工

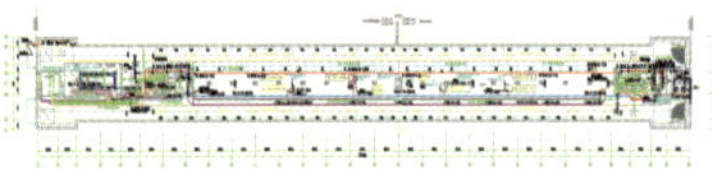

综合管线图纸

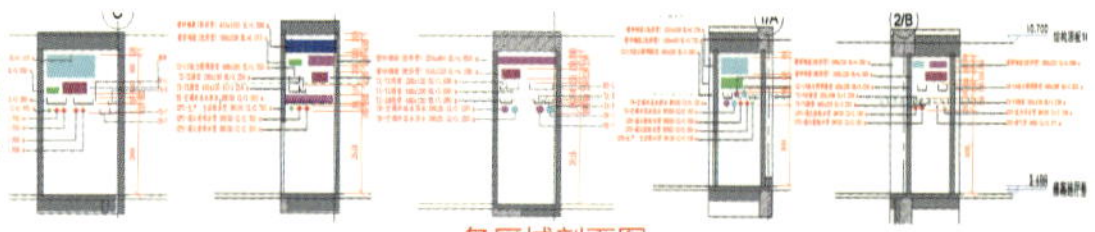

各区域剖面图

10.3.4 辅助生产

复杂节点建模 ➡ 可行性分析 ➡ 方案模拟 ➡ 可视化交底 ➡ 动画教育 ➡ 施工生产

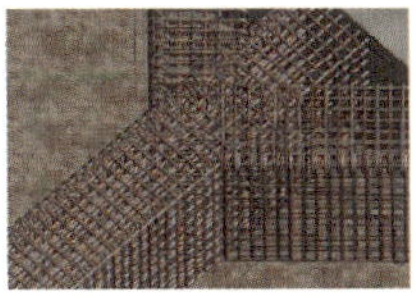

站房结构梁配筋节点

支撑结构梁三维动画交底

冠梁模板技术交底

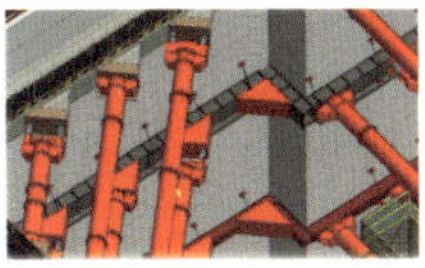

深基坑钢支撑复杂节点

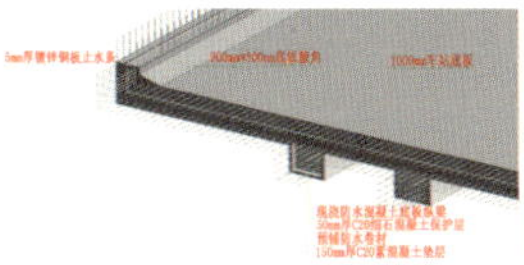

车站底板防水交底

钢支撑节点支撑交底

10.3.5 场地布置

场地规划 ➡ 优化布置方案 ➡ 阶段性更新 ➡ 生产模拟 ➡ 应急预案模拟 ➡ 漫游巡检

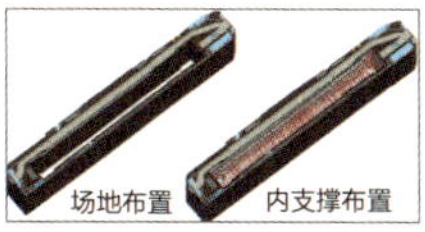

10.3.6 方案模拟

方案模拟 ⬇ 工艺模拟 ⬇ 技术交底 ⬇ 质量保障

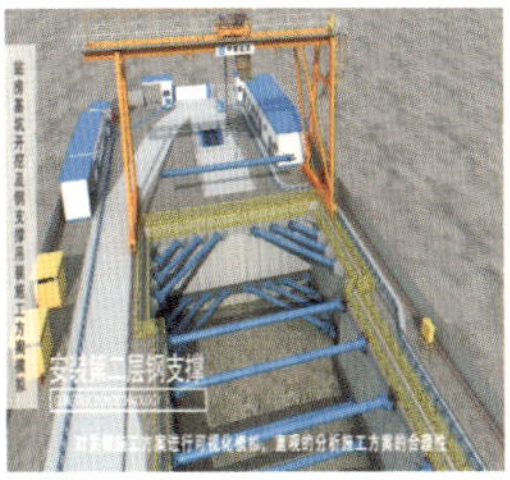

基坑钢支撑吊装施工方案模拟

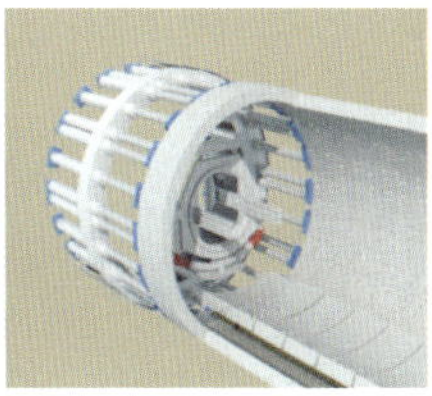

盾构机施工模拟

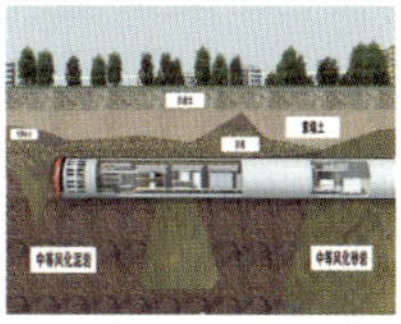

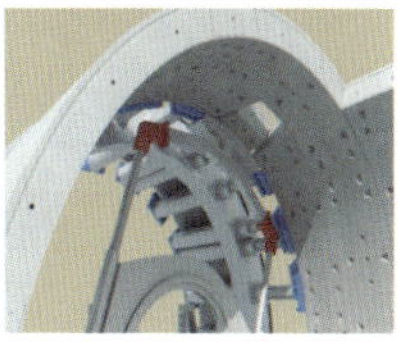

管片拼装施工模拟

10.3.7 工艺工序动态交底

前置规划 ➡ 精准化工艺 ➡ 合理化工序 ➡ 可视化交底 ➡ 质量保障 ➡ 进度保障

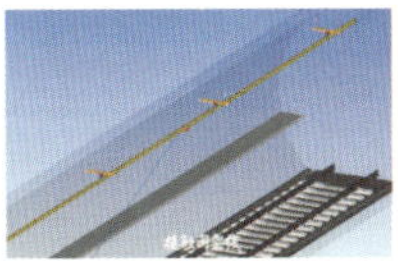

刚性接触网工艺模拟

制冷机房工序模拟

站厅层全专业工序模拟

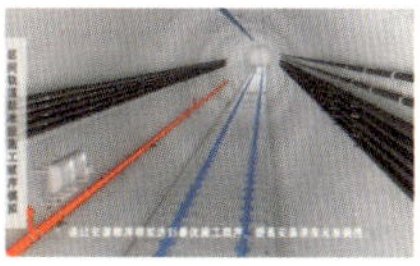

轨行区施工工序模拟

10.3.8 样板模拟

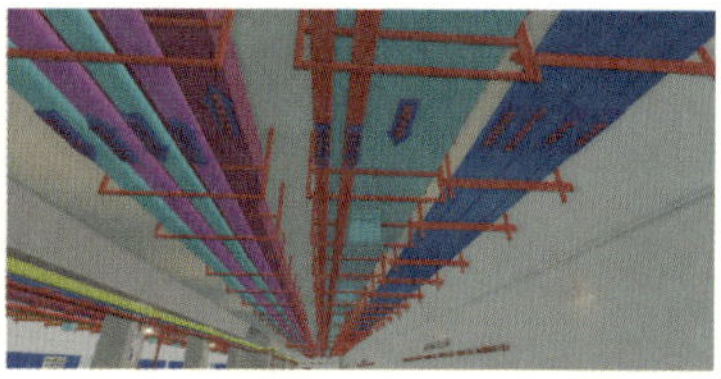

车站站房机电样板工程效果模拟

车站站房机电样板工程三维模型

10.3.9 机电效果仿真

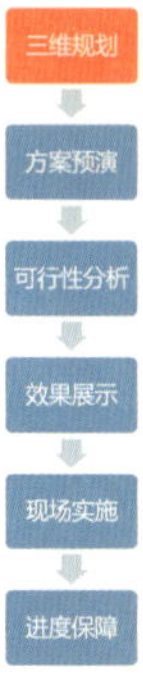

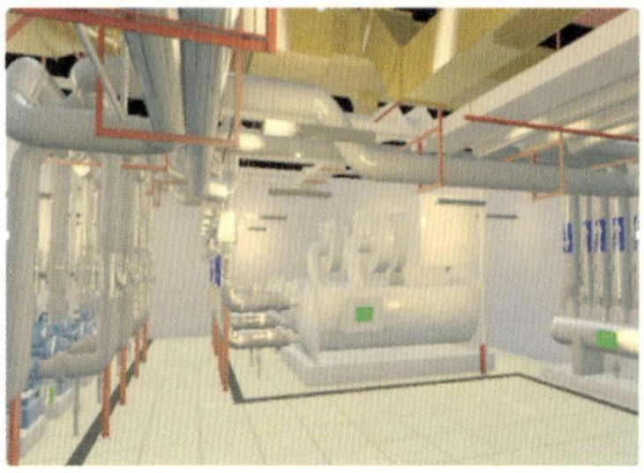

车站站房环控机房布置可视化漫游

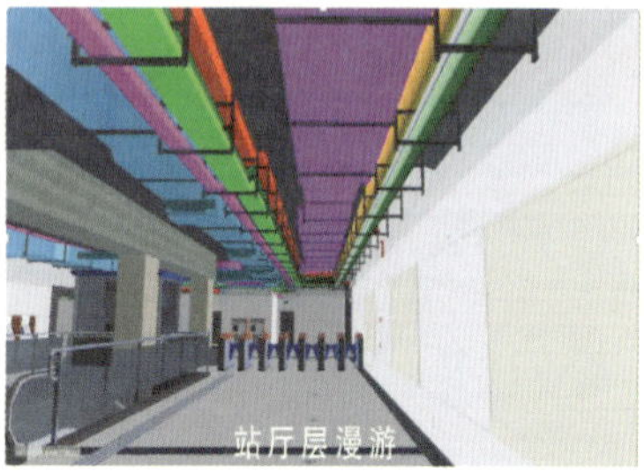

车站主体建筑及结构完成效果漫游

10.3.10 BIM+VR

安全教育培训

建立安全体验馆，沉浸式安全教育

VR 伤害体验，VR 安全教学系统

施工现场仿真体验

方案模拟，沉浸式交底

真实效果模拟，场景体验检查

VR安全教学体验馆　边坡塌方事故体验　高空坠物事故体验　基坑临建漫游体验　基坑底部漫游体验

10.3.11 BIM+ 云计算

FLOW DESIGN 场地模型 ➡ 风环境分析 ➡ 极端天气模拟 ➡ 灾害预演 ➡ 环境监测 ➡ 应急预案

利用 Autodesk Flow Design 对施工临时设施风环境流程设计进行灾害模拟，参照气象条件，提前预警。

安全管理：模型设施表面风速分析　　安全保障：各区域空间进行压力分布模拟

10.3.12 BIM+ 数字化加工

优化翻样 ➡ 创新 ➡ 协同建模 ➡ 软件开发 ➡ 加工中心 ➡ 集约化加工 ➡ 信息化管理 ➡ 指导生产 ➡ 科技创效

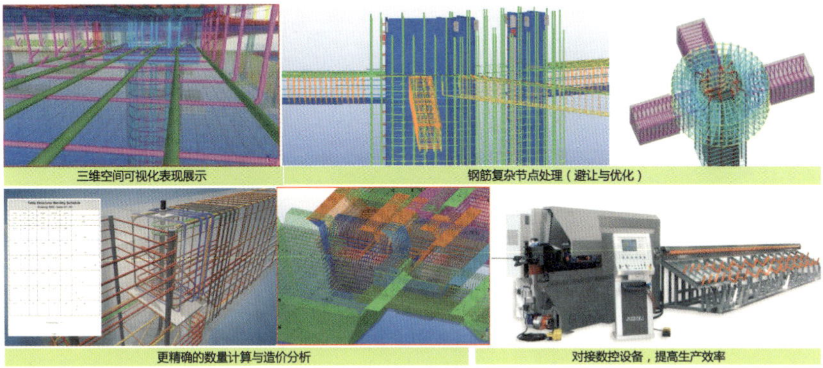

三维空间可视化表现展示　　钢筋复杂节点处理（避让与优化）

更精确的数量计算与造价分析　　对接数控设备，提高生产效率

10.3.13 BIM 钢筋加工

创新 ➡ 协同建模 ➡ 软件开发 ➡ 集约化加工 ➡ 信息化管理 ➡ 指导生产 ➡ 科技创效

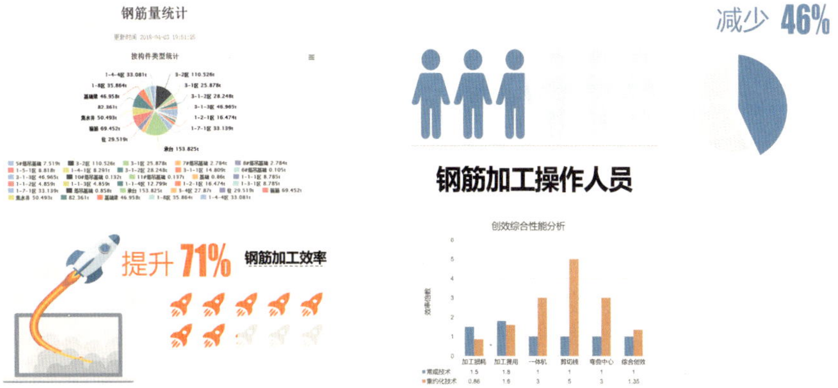

10.3.14 BIM+ 物联网

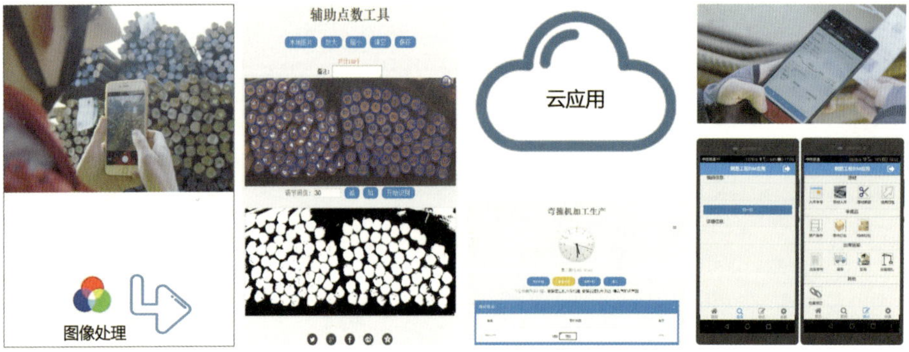

钢筋照片辅助点数　任务下发与计时（无纸化生产）　信息查询与登记（手机 APP）

10.3.15 数据协同

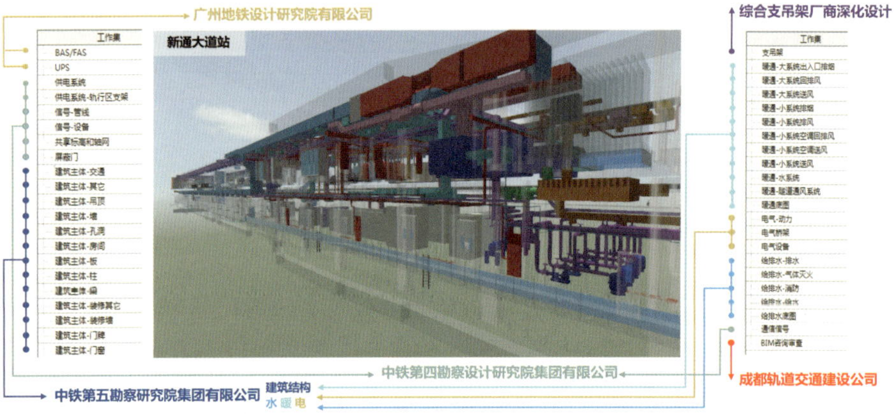

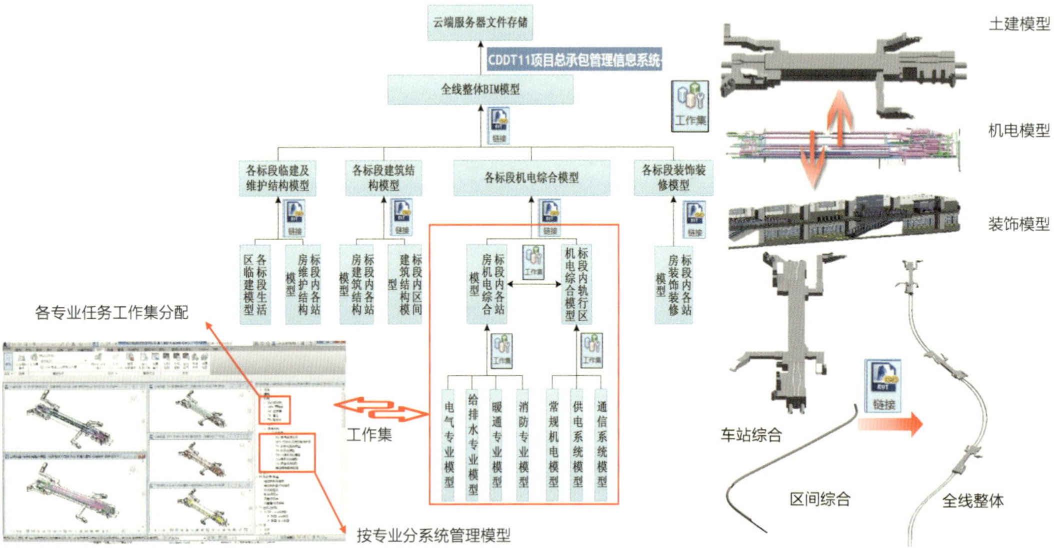

10.3.16 成本管理

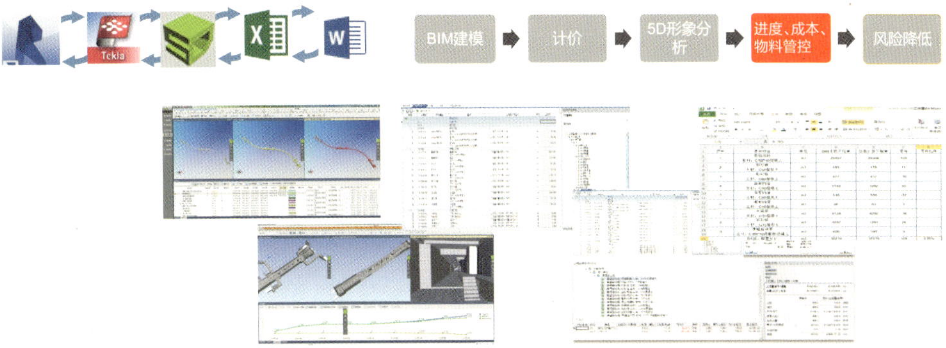

10.3.17 进度管理

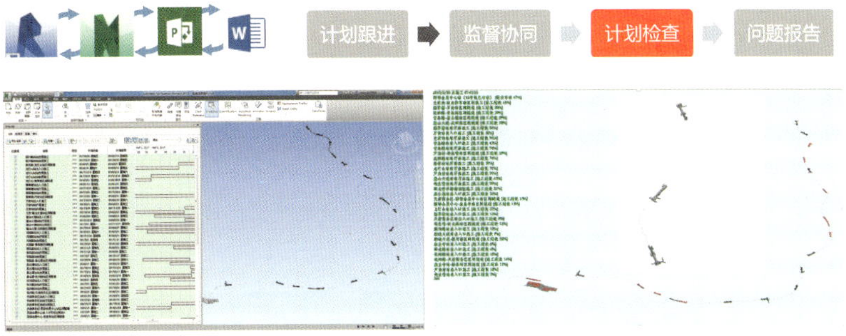

10.3.18 风险管理

10.3.19 智慧工地

一、总承包管理信息系统

成都轨道交通 11 号线总承包管理信息系统，实现了施工资料云存储、广域网 BIM 协同、工作计划在线监督、进度监测、质量控制等管理工作。

总承包管理系统

总承包管理系统

二、探索 BIM+ 智慧工地

目前，成都轨道交通 11 号线一期工程项目正在将智慧工地的理念应用于试点站房的效果分析，探索并积累了一套BIM+智慧工地的高效使用模式。

环境检测

盾构远程监测

劳务实名制

视频监控

10.4 总结与展望

10.4.1 总结

成都轨道交通 11 号线项目中，由中建成都轨道交通建设指挥部牵头，设计和施工总承包突破轨道交通传统的较为孤立的工作模式，建立新的协作机制：

（1）围绕 BIM 模型开展图纸审查工作，提高效率。

（2）施工单位与工点设计单位通过 BIM 模型在设计阶段解决排布、争议、接口问题，实现施工阶段强审后的综合管线图纸直接指导实体施工。

（3）各专业施工单位借助BIM模型进行合理化施工模拟。在设计和施工方的积极配合下，土建、机电、装饰、通信、综合监控、供电、信号等系统及支吊架优化等问题得到了有效的解决。

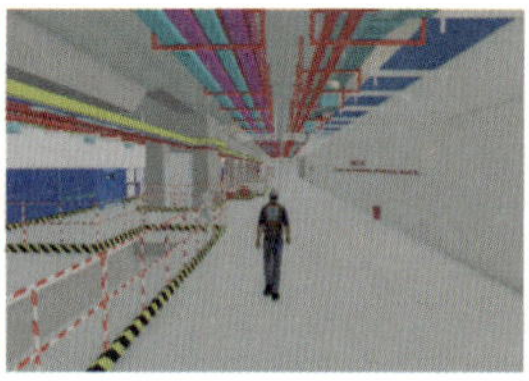

成都轨道交通 11 号线一期工程项目中已制定了一套 BIM 标准及体系，并在项目实施过程中不断完善与改进，指导着 BIM 各项应用的具体实施。中建三局承接首条全线地铁项目，BIM 技术将覆盖项目全生命周期，在开拓轨道交通市场的同时，以总承包管理的模式为成都基础设施建设而不断努力。

10.4.2 展望

一、下阶段重点工作

（1）机电、供电、通信、综合监控、装饰、信号等多专业协同；

（2）站后机电综合 BIM 应用。

二、BIM 体系完善

探索过程检验 BIM 标准，完善制度，进行项目私有协同平台的开发等。

三、BIM+ 数字化加工、智能化机器人

探索机电管线预制加工，装配式机房，轨行区智能化放线等。

四、BIM+ 信息化项目管理

探索 BIM 在总承包管理平台、物联网方面的应用。

五、BIM+ 地铁运维

探索 BIM 在地铁运维方面的应用。

11. BIM 技术在全国首个商圈高铁 TOD 综合体中的应用

11.1 工程概况

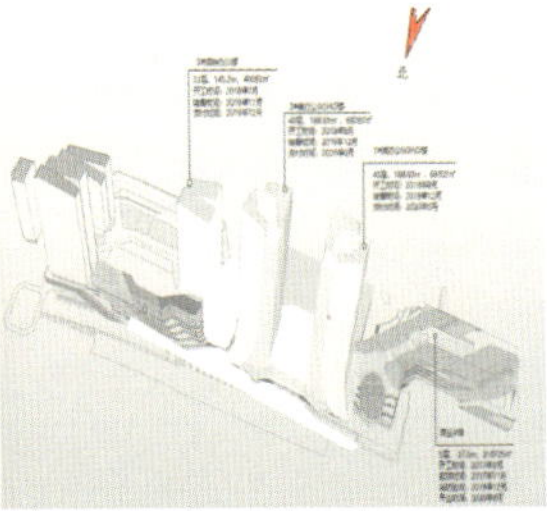

沙坪坝枢纽项目基本信息	
主要业态	商业/SOHO
建设用地面积	94853㎡
容积率	5.06
总建筑面积	480000㎡
地上建筑面积	480000㎡
商业建筑面积	210000 ㎡
还建建筑面积	40300 ㎡
SOHO建筑面积	229700㎡
地上层数	42层（最高塔楼）
建筑密度	60%
建筑高度	84m-182.7m
绿地率	5.75%

龙湖沙坪坝枢纽项目作为全国首个商圈高铁 TOD 综合体，总投资超过 80 亿元，项目建成后，将打通三峡广场与沙坪坝火车站，形成大范围的整体联动。在此可实现高铁、轨道交通、公交、出租车等多种交通工具零换乘，地下大型交通枢纽与地上商业综合体的无缝对接。因项目特殊且环境复杂，该项目全程应用 BIM 指导施工，打造智慧工地，采用 BIM 全装配式施工技术，争创“鲁班奖”，打造全国安装之星及重庆市观摩工地。

11.2 软件环境

模型搭建类软件	Revit、天正软件、PKPM、广联达 BIM 系列各专业建模软件
模型应用类软件	Revit、Fuzor、Navisworks、广联达场布、广联达斑马软件、Project、720 云
深化设计类软件	广联达脚手架计算软件、广联达安全计算软件、Rebro、MagiCAD、Unity3D、Autodesk Recap
平台类软件	广联达 BIM5D、中建八局协同管理平台

11.3 BIM 应用

11.3.1 模型展示

11.3.2 管道穿梁施工

为优化层高，订制喷淋管道穿梁方案，因管道穿梁施工工具在套管固定加固及管道定位方面存在一定的难度，采用 BIM 技术对方案进行推演，使得方案能更好地实施。

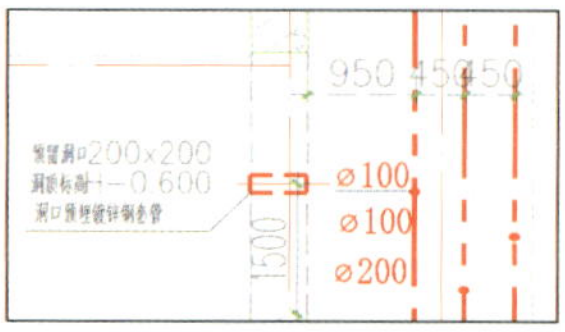
按照 BIM 预留预埋图纸进行施工留洞

放线机器人放出套管中心标高进行安装

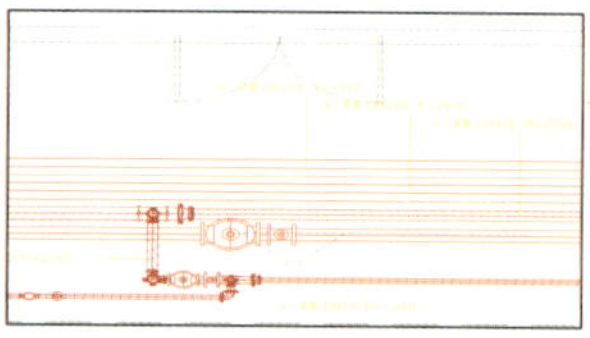
根据 BIM 深化出穿梁管线的尺寸标高进行施工

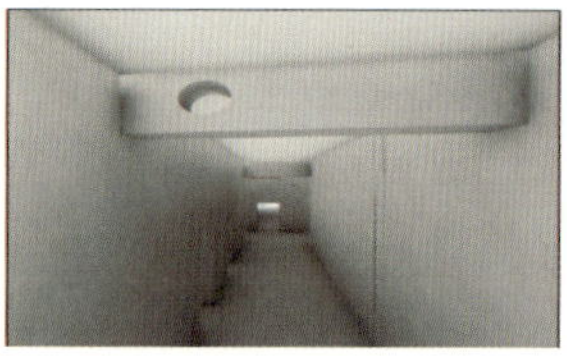

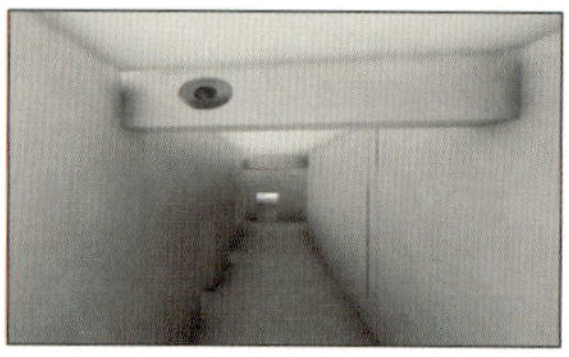

11.3.3 VR 技术下的设计方案现实交互

该工程因含有拆改项目，且业主对层高要求较为严格，在做正向设计时通过 VR 技术对内部管理人员及业主交底，可在 VR 场景中身临其境地感受建筑物完成后的完成面高度、管线排布功能、精装修方案是否合理等情况，辅助管理人员制订决策方案，指导现场施工。

结构机电完成面 VR 体验场景

精装修完成面 VR 体验场景

VR 方案交底会议

11.3.4 照度分析

该项目高铁处于运营状态，很多部位需在高铁停运后施工，为保障夜间施工安全，需保证施工现场内照明强度。通过 BIM 技术，对现场照度进行分析，保证现场照明无死角。

照明布置情况

未布置光源

顶面 3 个光源，墙面 2 个光源

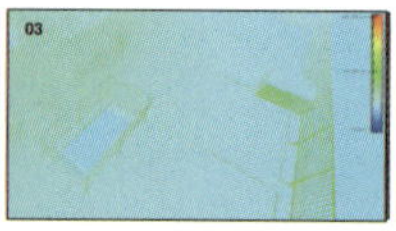
在光源数不变的情况下加强光强度

在光源数不变的情况下加强光强度、色温及镇流系数等

最优照明方案确定

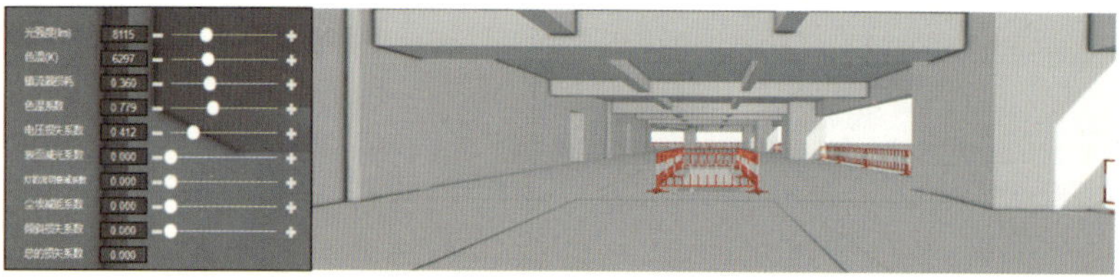

11.3.5 办公区域平面布置

为了使现场布置一次达优，尽快投入使用，保证工期，使用 BIM 技术对施工场地及办公区场地预先布置，且将方案进行过会确认后，按 BIM 模型 1 ：1 进行施工。

施工现场航拍实景

BIM 模型场地布置

BIM 模型塔吊布置

11.3.6 装配式幕墙施工

因工程外幕墙施工环境的特殊性，为保障边施工边安全使用，所需要的幕墙板块需全部在工厂制造完成，再进行幕墙全装配式施工。对于物料准备、生产节奏、排产调度、仓储物流、现场组织、安装进度等都有极大考验，因此引入 BIM 技术。

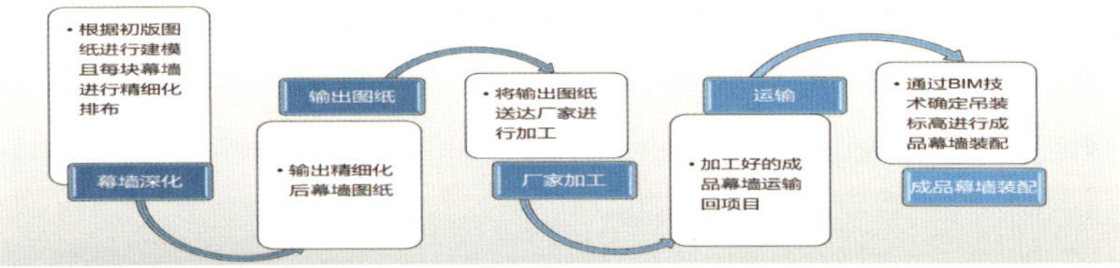

幕墙模型建立且精细排布

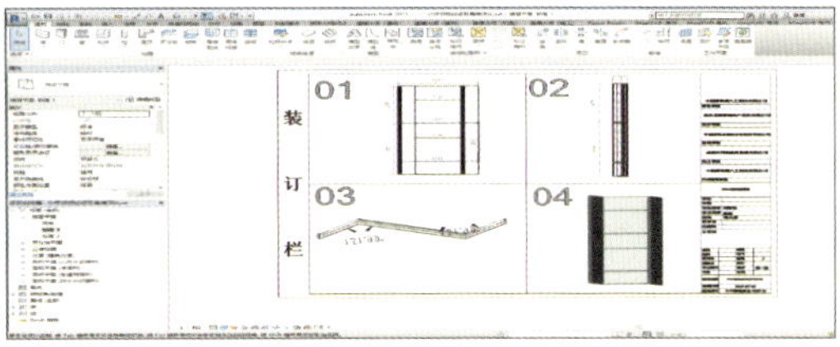

幕墙深化图纸输出

11.3.7 站前广场防护棚施工

沙坪坝高铁站目前已处于开放运营阶段，项目内人流量高峰可达 4000 人 / 时。为确保项目施工时人民群众人身财产安全，需在项目站前广场搭建防护棚。项目站前广场为塔吊覆盖区域、高空坠物重点防护区域。其空间高度仅为 13.9m 且带有曲面和坡度，无法在平面锁定标高，因此需引入 BIM 技术。

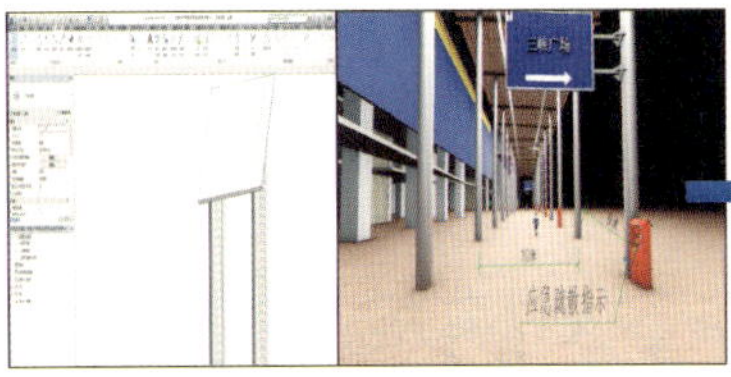

根据设计院的设计图纸进行 BIM 建模

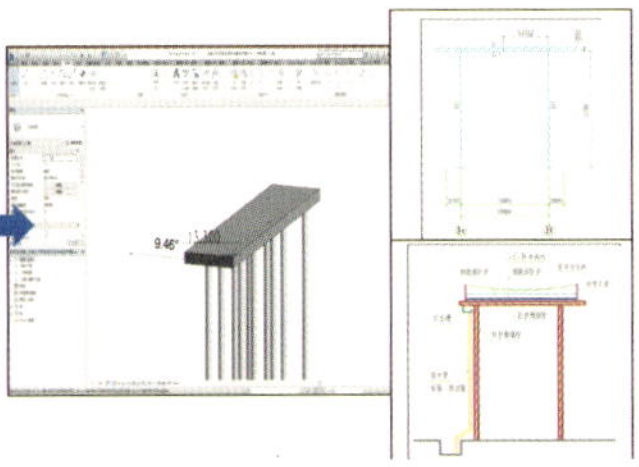

在 BIM 三维系统中锁定施工标高、坡度，并输出平面图进行施工

11.3.8 地下室改造

工程在高铁站上进行项目修建，地下部分经过结构验算不再满足受力条件，且原有管线不能满足商圈需求，则需重新进行地下室改造。因年代久远，缺失以前的图纸资料和模型，因此采用点云技术还原部分模型。

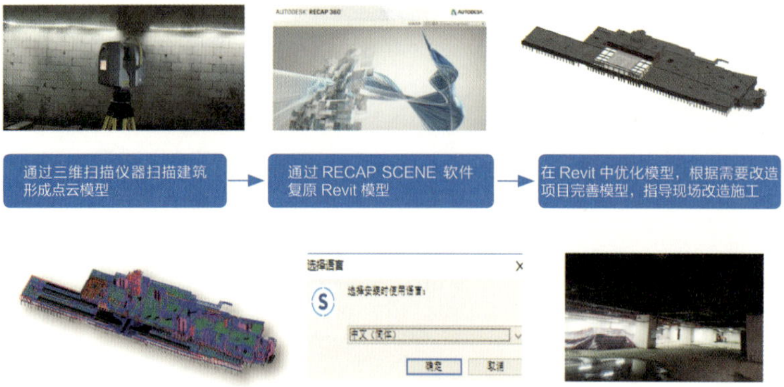

11.3.9 装配式机房施工

装配式机房设计、实施及应用流程

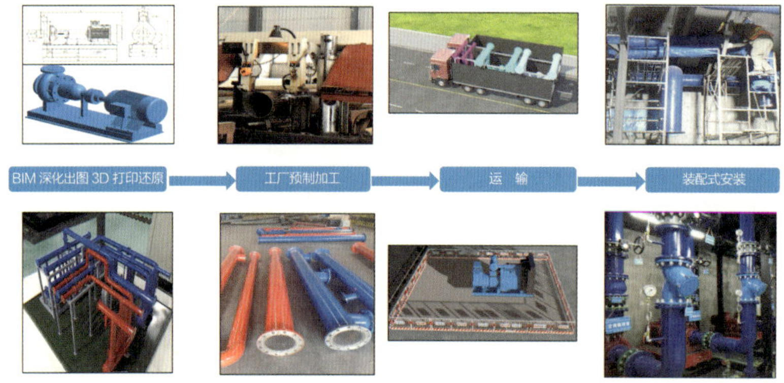

11.3.10 管井 AR 交互及垃圾运输

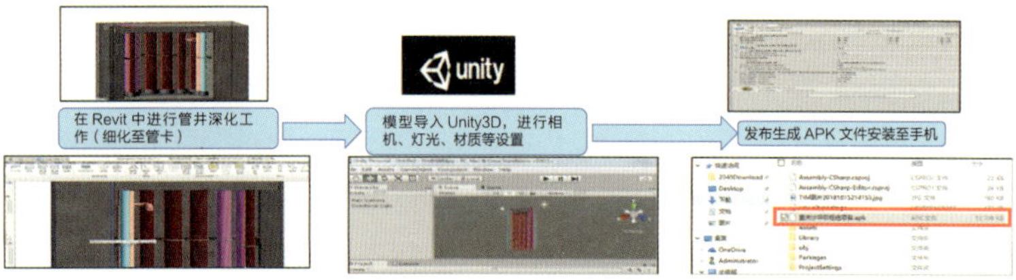

应用 BIM 技术建立垃圾通道，分析垃圾下落情况，优化并进行管道选型。设置封闭的大直径管道，使楼层的建筑垃圾沿着管道靠重力自由下落，快速地处理楼层的垃圾，且能够控制扬尘，做到“绿色施工、文明施工”。降低施工现场扬尘，减少高空抛掷垃圾的潜在危害，提高电梯的使用效率。

投料节　　投料口　　标准节

11.3.11 虚拟样板管理及 3D 打印

经过数年的 BIM 探索及实践，建立了详细的 BIM 管理体系，包含 BIM 人员管理、BIM 建模标准化、BIM 深化图纸输出标准化等。

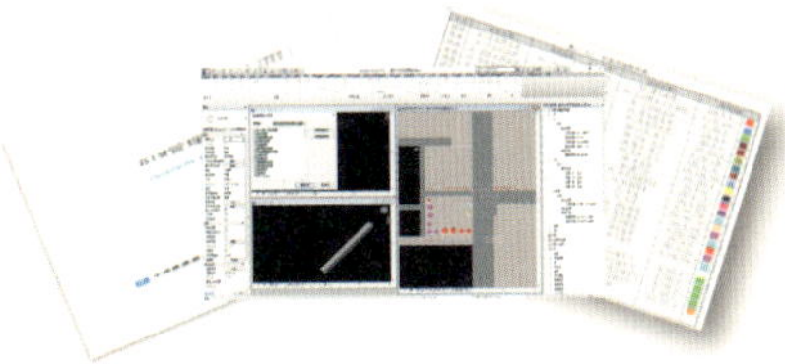

通用项目传递（统一标准）

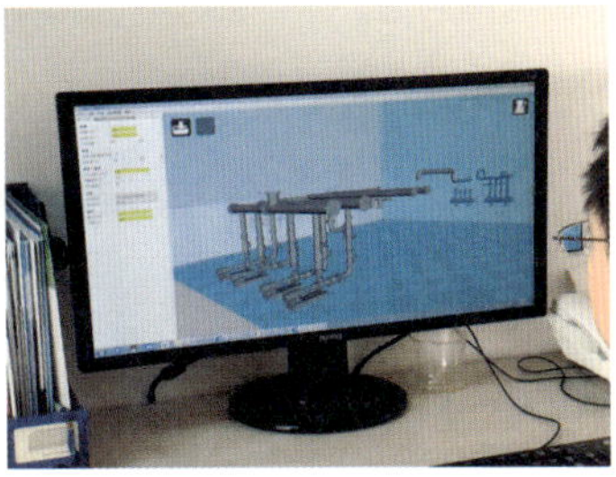

工程有多处全装配工艺，为避免装配失误，通常在厂家实行预先装配，同时应用 3D 打印技术制作 1:1 可装拆模型构件，帮助工人理解熟悉装配顺序，以避免装配失误，保障工程顺利施工。

11.3.12 基坑监测系统

深基坑的开挖是一个动态的过程，受各种复杂因素的影响，很难从现有的理论上对可能出现的问题进行预判。一旦支护结构受力不均，轻则土体倾斜，重则将导致基坑坍塌。基坑的开挖，也给周边建筑物的安全带来了隐患，若周围的土体产生失稳，就很可能导致上部结构物的破坏，带来恶劣的社会影响。因此，对基坑进行监测是基坑工程建设中必不可少的环节。

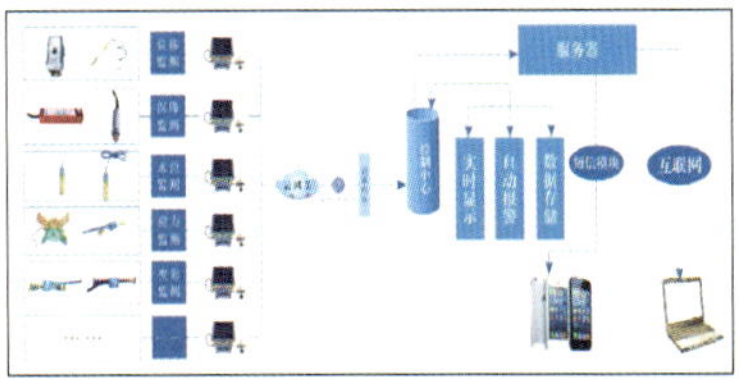

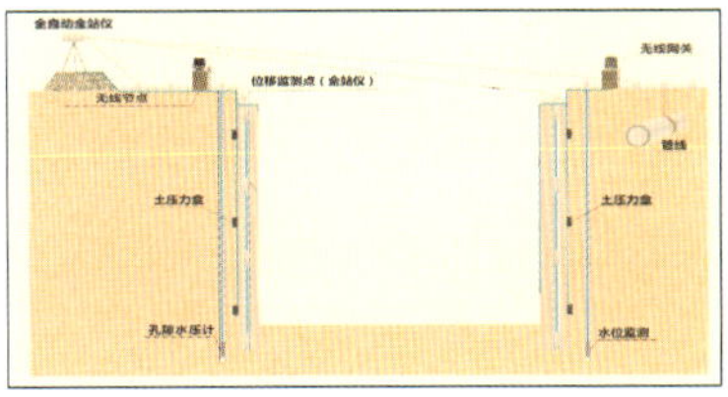

目前基坑监测以人工监测为主，监测工作量大，受天气、人员、现场条件等因素的影响，存在人为误差。各项技术参数不能实时监测，汇总分析滞后，难以及时掌握工程中存在的问题与风险，这些都影响工程的安全生产和管理水平。结合云计算、大数据等新技术的在线监测不受恶劣天气的影响，提供不间断的数据，支持实时查看，避免了人为造成的误差，真正做到了数据稳定、可靠。

11.3.13 高支撑模板监测

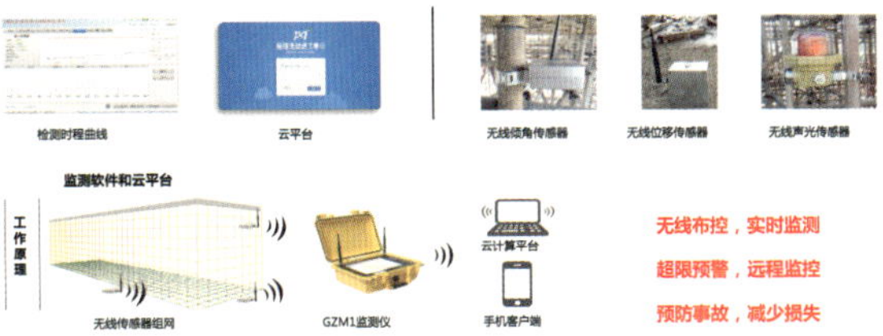

高支撑模板系统是指高于或等于 8m 的模板及其支撑系统。在建设高架桥桥墩、桥梁等时，需要采用高支模进行施工。高支模的安全状况关系着参与工程的人员财产安全。高支模监测系统主要监测支架 / 模板沉降、立杆轴力、杆件倾斜。系统组网采用无线组网模式，传感器与 ZIGBEE 节点连接，各节点与采集箱无线连接完成数据采集。预警阈值参考相关规范并经过理论分析后确定。由于高支模的工况复杂，需设置多级预警以应对不同的工况，防止漏报误报的情况。系统可以通过软件查看预警信息，并可以设置手机短信报警功能。系统具有良好的报表功能，可自动生成各类报表。

11.3.14 脚手架验算

为保证工程质量，模拟脚手架、支撑体系的受力状况，进行计算，以确保模板支撑体系的施工安全。利用广联达安全计算软件进行参数化建模，图形动态显示，对脚手架工程进行验算，并给出优化建议。通过动态调整脚手架工程参数，模型数据同步改动，直至脚手架工程满足施工要求，并一键导出计算书。

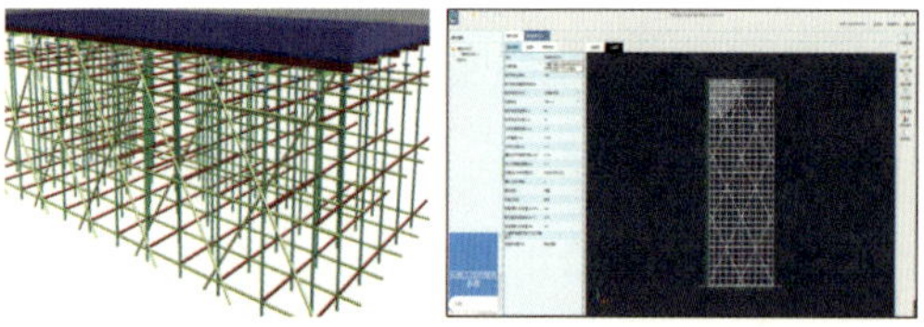

建立参数化脚手架模型

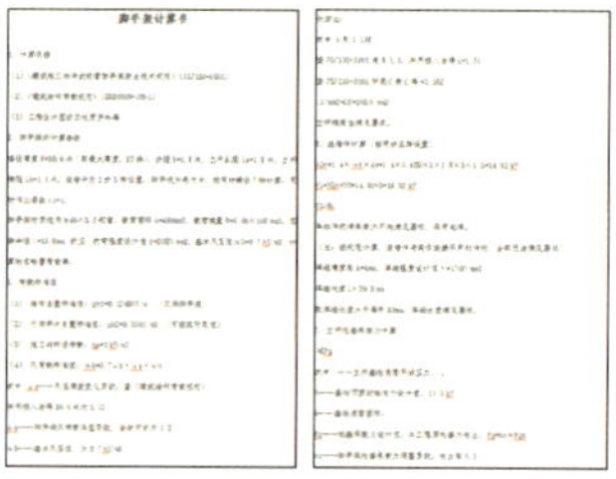

输出计算书

11.3.15 支吊架验算及用料提取量

因商业综合体管线较多，为确保工程质量，每一根支架的选型都将通过 BIM 模型首先排布，再进行受力分析，最终确认支吊架的大小型号。

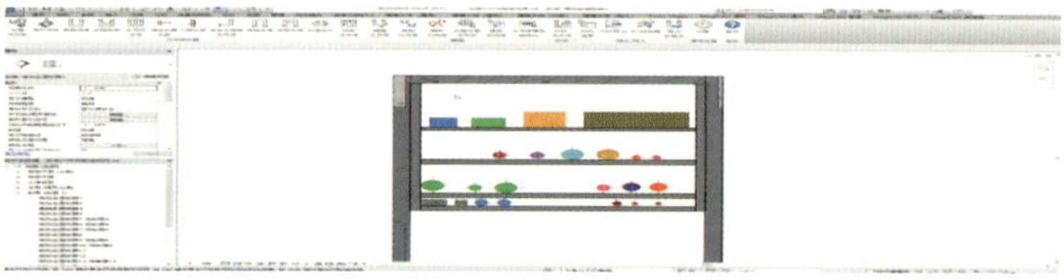

将通过受力分析的支吊架用 MagiCAD 来进行材料量提取，并精细化至不同型号钢材，辅助商务物资计划材料确定。

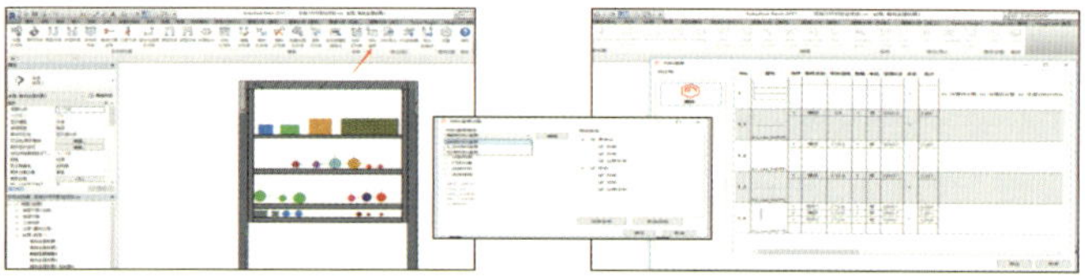

11.3.16 进度跟踪

使用中建八局 BIM 协同管理平台，对进度进行紧密追踪，及时把握现场施工情况，保证工期。

登录中建八局 BIM 协同管理平台的 PC 端、手机端、客户端，实现三端一体及时监控现场进度。

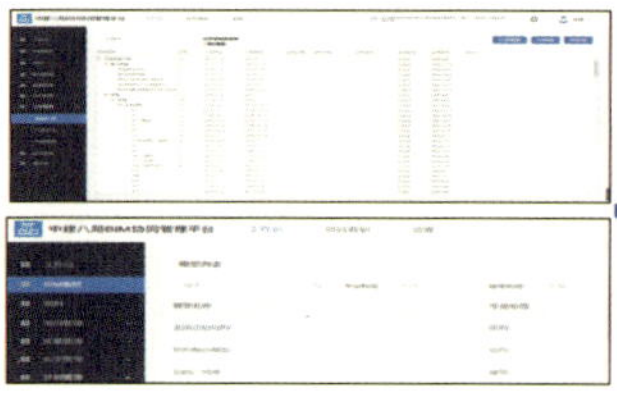

制作进度计划，上传 BIM 模型，将两者进行挂接关联

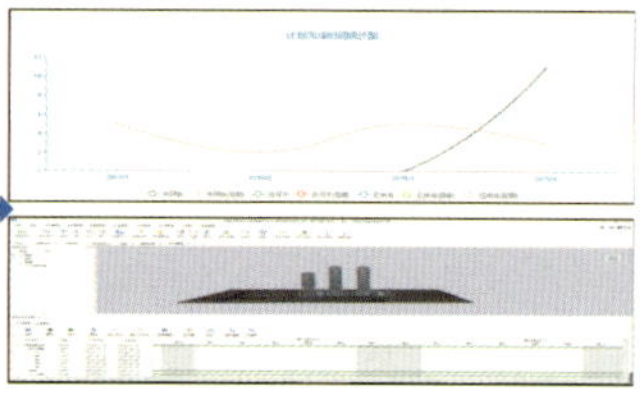

制作进度模拟动画，将现场进度和模型相关联，使得进度直观呈现，更容易量化

11.3.17 商务模型互用

通过应用广联达 BIM5D 软件实现 BIM 模型和商务模型的转化，打通项目全过程的 BIM 应用流程，实现了一模多用，节约时间成本的目标。

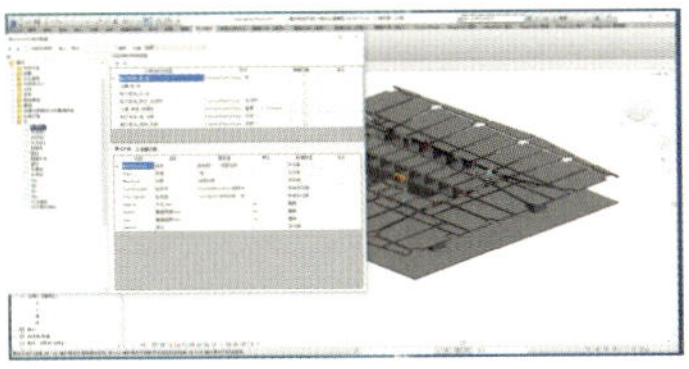

Revit 生成 P5D 文件，导入 BIM5D

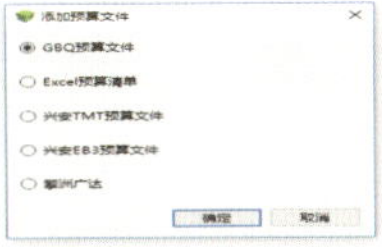

将相应类型预算文件导入 BIM5D

将模型与清单关联，实现实物量到清单量的转化

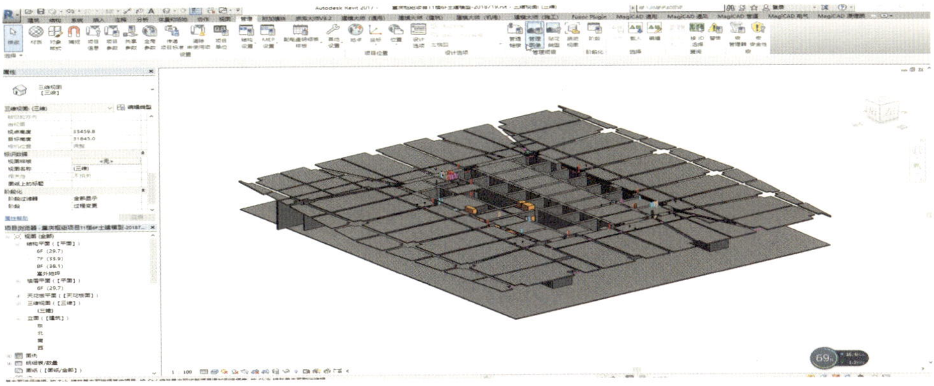

通过 Revit 建模提取第一版本蓝图的实物量，在模型经过土建结构方案优化及机电的管线综合之后再次提取实物量，进行比对，辅助商务进行双优化，同时标记变更位置模型，对变更部分模型及工程量单独进行提取。

11.3.18 智慧工地安全防护

沙坪坝高铁站目前已处于开放运营阶段，项目内人流量高峰可达 4000 人 / 时。为确保项目施工时人民群众生命财产安全，需在项目站前广场、高铁站采光顶及主要人流通道搭设防护措施。

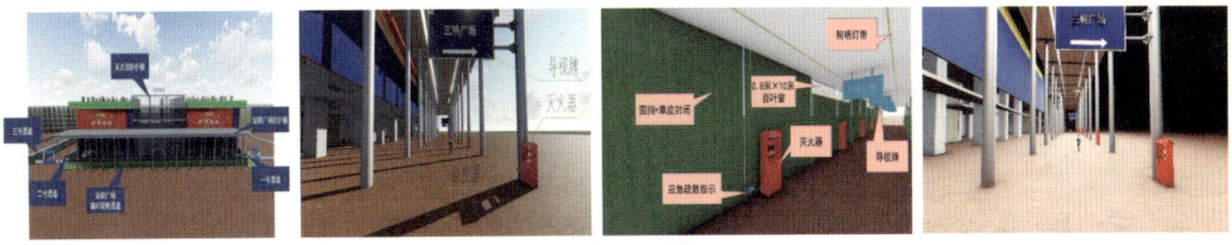

防护方案 BIM 建模

完成后实际情况

11.3.19 智慧工地智能监控

系统在原有硬件基础上增加了传感器和信号回传装置，实现防碰撞、盲区可视化、设备异常报警等功能，通过手机 App 就可实时监控塔机司机和塔机的运行情况，有任何异常情况都会实时推送消息，进一步保障了特种设备的安全运行。

塔吊限位及防碰撞远程控制系统

塔吊施工人员在岗检测系统

卸料平台报警系统在原有的基础上加装了传感器、显示器、报警器，当压力超限时，系统会立即发出报警并推送消息至手机，现场施工人员也能立刻采取措施，杜绝安全隐患。

卸料平台报警系统

11.3.20 智慧工地智能监控

施工电梯智能监测系统现有的特种操作人员识别技术很成熟，在此基础上增加了防坠、防超载、防冲顶、上下限位内外门监测，使施工电梯更好用，若有异常，系统也会实时推送消息至手机。一旦出现电梯失控，系统会自动启动紧急制动，保障人员安全。

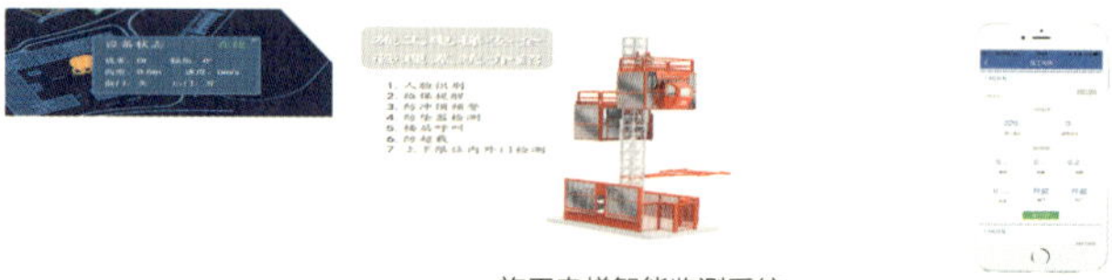

施工电梯智能监测系统

在保障人民群众安全的同时，项目也须保障现场施工人员的生命安全。利用智慧工地平台实时监测现场施工机械运转情况，保障现场施工安全。

11.3.21 安防设备布置

此系统主要设置在危险性较大的临边洞口，目的是提醒工人此处为危险区域，避免工人发生意外。如果真有工人进行危险动作，现场也能抓拍下来，管理人员会立刻上前制止，进行一对一的安全教育，此类危险行为也会纳入工人的不良记录中，如果屡教不改，将会纳入项目黑名单。

互联网远程视频监控系统可实时、直观地提供现场施工信息，实时视频可以直接在手机、电脑或智能会议室浏览，通过视频监控可实时查看现场施工情况，提高管理效率，加强治安保卫，消除安全隐患，防止意外发生。

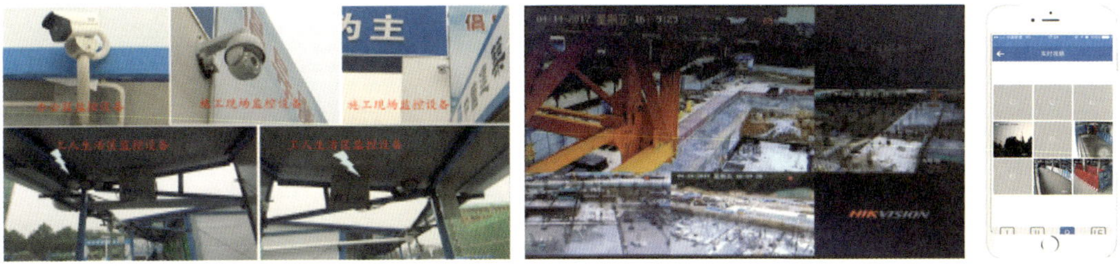

互联网远程监控